Hubert Pelletier

Mise au point d'un réacteur épitaxial CBE

Hubert Pelletier

Mise au point d'un réacteur épitaxial CBE

Asservissement du système, croissance de matériaux et caractérisation

Presses Académiques Francophones

Impressum / Mentions légales

Bibliografische Information der Deutschen Nationalbibliothek: Die Deutsche Nationalbibliothek verzeichnet diese Publikation in der Deutschen Nationalbibliografie; detaillierte bibliografische Daten sind im Internet über http://dnb.d-nb.de abrufbar.

Alle in diesem Buch genannten Marken und Produktnamen unterliegen warenzeichen-, marken- oder patentrechtlichem Schutz bzw. sind Warenzeichen oder eingetragene Warenzeichen der jeweiligen Inhaber. Die Wiedergabe von Marken, Produktnamen, Gebrauchsnamen, Handelsnamen, Warenbezeichnungen u.s.w. in diesem Werk berechtigt auch ohne besondere Kennzeichnung nicht zu der Annahme, dass solche Namen im Sinne der Warenzeichen- und Markenschutzgesetzgebung als frei zu betrachten wären und daher von jedermann benutzt werden dürften.

Information bibliographique publiée par la Deutsche Nationalbibliothek: La Deutsche Nationalbibliothek inscrit cette publication à la Deutsche Nationalbibliografie; des données bibliographiques détaillées sont disponibles sur internet à l'adresse http://dnb.d-nb.de.

Toutes marques et noms de produits mentionnés dans ce livre demeurent sous la protection des marques, des marques déposées et des brevets, et sont des marques ou des marques déposées de leurs détenteurs respectifs. L'utilisation des marques, noms de produits, noms communs, noms commerciaux, descriptions de produits, etc, même sans qu'ils soient mentionnés de façon particulière dans ce livre ne signifie en aucune façon que ces noms peuvent être utilisés sans restriction à l'égard de la législation pour la protection des marques et des marques déposées et pourraient donc être utilisés par quiconque.

Coverbild / Photo de couverture: www.ingimage.com

Verlag / Editeur:
Presses Académiques Francophones
ist ein Imprint der / est une marque déposée de
OmniScriptum GmbH & Co. KG
Heinrich-Böcking-Str. 6-8, 66121 Saarbrücken, Deutschland / Allemagne
Email: info@presses-academiques.com

Herstellung: siehe letzte Seite /
Impression: voir la dernière page
ISBN: 978-3-8416-2936-4

Table des matières

Chapitre 1

Introduction

1.1 Mise en contexte et problématique

L'épitaxie est une technique de dépôt de couches minces monocristallines dont l'arrangement des atomes est dicté par la structure cristalline du substrat. Cette technique de croissance de matériau met en oeuvre plusieurs domaines de connaissance, notamment la chimie et la physique mécanique et électrique.

Appliquée aux semi-conducteurs, l'épitaxie demande un environnement de haute pureté, atteint soit par un vide poussé ou une saturation de l'environnement par les produits de réaction voulus.

Plus spécifiquement, l'épitaxie par jets chimiques (Chemical Beam Epitaxy – CBE) est une technique de déposition mise en oeuvre entre 1981 [1] et 1984 [2]. La technique est dite récente, si l'on compare son origine à celle de l'épitaxie par jets moléculaires (Molecular Beam Epitaxy – MBE) [3] et l'épitaxie en phase vapeur organo-métallique (Organometallic Vapor Phase Epitaxy – OMVPE), vers la fin des années 60 [4].

La CBE fait donc historiquement suite aux deux autres techniques, MBE et OMVPE, en combinant des aspects de chacune. La CBE assure la pureté des matériaux crus en assurant un environnement d'ultra-haut vide (UHV), comme la MBE. Toutefois, elle utilise des sources chimiques

3

Comparison of epitaxial techniques

Characteristics	LPE	MOCVD	MBE	CBE
Quality	◎	○	△	○
MQW	×	○	◎	◎
Abrupt interface	×	○	◎	◎
Heavy doping	△	△	○	◎
Large-area	×	◎	△	○
Throughput	○	◎	△	○
Efficient use of source materials	○	△	△	◎
Equipment cost	○	△	△	×

◎: Excellent, ○: very good, △: fairly good, ×: bad.

TAB. 1.1 – *Comparaison des principales techniques de croissance vis-à-vis de paramètres importants pour la croissance de dispositifs complexes comme les cellules solaires multijonction [7]*

gazeuses à l'instar de OMVPE. Cette combinaison donne lieu à une technique de croissance avec de nouveaux avantages et inconvénients, ajoutant ainsi à l'adaptabilité du domaine de l'épitaxie [5].

Moins mature que ses deux techniques cousines, la CBE a été mise de côté pour la production à grande échelle étant donné que la recherche sur le sujet accusait un certain retard par rapport aux autres techniques. Le Laboratoire d'Épitaxie Avancée de l'Université de Sherbrooke (le LÉA), sous la direction du Professeur Richard Arès, a pour but de rattraper ce retard.

Le LÉA doit donc démontrer que la CBE peut remplir, mieux que les autres techniques, certains objectifs de l'industrie du semi-conducteur, dont le coût d'opération et le potentiel de production de masse [6]. Le tableau 1.1 montre des critères importants pour l'industrie tels la qualité de croissance, l'obtention d'interfaces abruptes et l'efficacité d'utilisation des sources chimiques, quelques exemples pour lesquels la CBE a le potentiel de surpasser les autres techniques.

Le présent projet a pour but de permettre au LÉA de faire les premiers pas dans la croissance CBE en mettant en marche son réacteur épitaxial.

Les détails sont présentés à la section suivante.

1.2 Définition du projet de recherche

Un réacteur CBE anciennement utilisé par la compagnie Nortel Networks est en opération au LÉA depuis 2009. Avant le début du projet ici présenté, le réacteur n'avait jamais été mis en fonction à l'Université de Sherbrooke. Depuis son arrivée, il avait aussi subi d'importantes modifications dans le but d'améliorer son opération, sans toutefois subir de tests en fonctionnement.

Les modifications effectuées incluent les systèmes de gestion de gaz, d'injection et de pompage, des systèmes clé du fonctionnement d'un réacteur épitaxial. Du matériel informatique de la compagnie National Instruments a aussi été acquis afin de programmer une interface de contrôle adaptée aux besoins du laboratoire.

Le réacteur CBE doit donc être asservi à un programme informatique. Ceci comprend la conception du logiciel ainsi que sa programmation en langage LabVIEW^{TM}, de National Instruments.

Ensuite, des essais de croissance de matériaux semi-conducteurs comme l'arséniure de gallium ($GaAs$) et le phosphure de gallium-indium ($GaInP$) doivent être faits. Ces essais permettront d'évaluer les modifications majeures effectuées sur le réacteur et d'effectuer les corrections s'avérant nécessaires. De plus, la caractérisation des matériaux obtenus doit être faite et comparée à la littérature.

Enfin, avec tous ces outils, le LÉA sera en mesure d'utiliser le réacteur pour faire le développement avancé de matériaux semi-conducteurs.

1.3 Objectifs du projet de recherche

L'objectif global de ce projet est de remettre en fonction le réacteur CBE du Laboratoire d'Épitaxie Avancée, d'y croître du *GaAs* et du *GaInP* et de comparer les matériaux obtenus à ceux dans la littérature.

Cet objectif global peut être morcelé en objectifs spécifiques comme suit :

1. Effectuer la conception et la programmation en language LabVIEW^{TM} d'un logiciel de contrôle pour l'asservissement du réacteur épitaxial CBE.

2. Évaluer la performance des systèmes de gestion de gaz, d'injection, de contrôle de température et de pompage.

3. Modifier les systèmes mentionnés autant que nécessaire pour optimiser le contrôle du procédé épitaxial.

4. Démontrer la faisabilité de matériaux binaires (GaAs) et ternaires (GaInP) dans le réacteur épitaxial.

5. Comparer la qualité des matériaux obtenus à la littérature.

1.4 Contributions originales

Les travaux présentés ont lieu dans le cadre des débuts d'un laboratoire. Ils ont pour souci de mettre en marche un réacteur épitaxial et de faire preuve de son fonctionnement adéquat. Là où le présent projet a des aspects innovants, il est surtout un fort catalyseur pour la recherche dans le Laboratoire d'Épitaxie Avancée de l'Université de Sherbrooke.

Il est à souligner que ces travaux permettront le développement d'un contrôleur unique pour un réacteur épitaxial à l'aide du code LabVIEW^{TM} 8.1.2 de National Instruments ainsi que de leur matériel de contrôle. Ceci permet un contrôle flexible et personnalisé du réacteur CBE. Le code sera flexible et modulaire, de façon à facilement l'adapter à un autre réacteur épitaxial ayant des besoins différents.

1.5 Plan du document

À la suite de cette introduction, ce document comprend trois chapitres permettant d'englober le travail accompli pendant ce projet de maîtrise.

En premier lieu, l'état de l'art est présenté en expliquant plusieurs aspects entourant le domaine de l'épitaxie, en passant du global au spécifique. La CBE y est présentée brièvement, on y explique les bases sur les semiconducteurs ainsi que leur caractérisation. Une attention particulière est ensuite donnée à la théorie du vide et son impact sur le comportement des gaz dans le réacteur épitaxial. Enfin, certains aspects sont traités sur la programmation en langage LabVIEW^{TM} pour le contrôle d'un système aussi complexe qu'un réacteur épitaxial.

En second lieu, le développement suit un cheminement inverse passant du spécifique au global. Le réacteur épitaxial y est présenté ainsi que son principe de fonctionnement. Ce survol du réacteur permet ensuite de mieux comprendre son asservissement grâce au langage de programmation LabVIEW^{TM}, ainsi que les résultats obtenus après l'optimisation du contrôle des gaz et de la température dans le système. À la suite des premiers tests de croissance épitaxiale, des ajustements aux systèmes d'injection de gaz et de pompage sont expliqués et justifiés. Enfin, les matériaux semi-conducteurs obtenus sont caractérisés et comparés à la littérature.

En dernier lieu, la conclusion permet de faire le point sur les résultats obtenus et l'apport de ce projet pour le laboratoire LÉA. Certaines pistes de nouveaux travaux y sont aussi présentées puisque ce projet de maîtrise s'inscrit dans les débuts de l'existence du laboratoire LÉA.

Chapitre 2

État de l'art de la CBE et théorie

2.1   Épitaxie par jets chimiques (CBE)

Le domaine de l'épitaxie est dominé par deux techniques majeures, l'épitaxie par jets moléculaires (MBE) et l'épitaxie en phase vapeur organo-métallique (OMVPE). Ces deux techniques sont relativement complémentaires et ont leurs avantages et défauts respectifs. L'épitaxie par jets chimiques (CBE) est une technique plus récente combinant certains avantages et défauts des deux grandes techniques, ajoutant à l'adaptabilité de la famille des techniques épitaxiales [5].

L'épitaxie par jets chimiques (voir Figure 2.1) est une technique ayant été initiée sous plusieurs formes, notamment celle de Fraas en 1981 [1], avant que W.T. Tsang ne la nomme en 1984 [2]. Cette technique épitaxiale utilise des sources gazeuses comme précurseurs de croissance des matériaux IV-IV, III-V et II-VI, ainsi que pour les divers dopants, au même titre que le OMVPE. La décomposition des précurseurs se fait par pyrolyse sur la surface du substrat chauffé entre 450 et 650 °C selon le matériau. Les gaz n'interagissent pas avant leur arrivée sur la surface car la pression dans le réacteur est gardée sous les 10^{-4} torr lors de l'opération. En effet, le libre

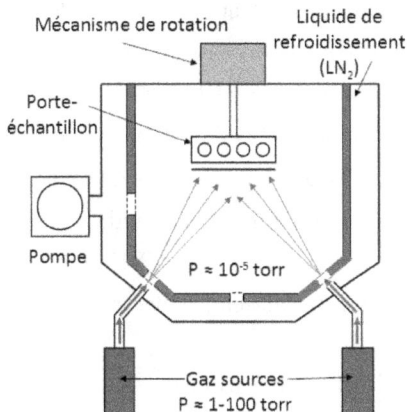

FIG. 2.1 – *Schéma simple d'un réacteur CBE. Un flux contrôlé des gaz source est envoyés sur l'échantillon contrôlé en température. La croissance y a lieu puis les produits de réactions sont évacués par la pompe. (Image de Laurent Isnard)*

parcours moyen des molécules à une pression de 10^{-4} torr est d'environ 50 cm, alors que la distance entre l'injecteur et le substrat est généralement inférieure à 20 cm. Lorsque le libre parcours moyen des molécules dans le réacteur est supérieur aux dimensions caractéristiques de ce dernier, les flux s'effectuent dans le régime moléculaire.

Bien que ces trois techniques épitaxiales (CBE, OMVPE et MBE) soient relativement similaires et donnent toutes des matériaux cristallins de bonne qualité, cette dernière variera selon le type de matériau, la complexité du dispositif cru, etc. Chaque technique a des champs d'application privilégiés selon les avantages particuliers d'une technique au niveau par exemple de la nature des sources, la température de croissance, le contrôle des flux...

Par exemple, la MBE utilise pour sources de croissance des solides élémentaires comme le phosphore ou le gallium. Toutefois, le phosphore génère plusieurs espèces lorsqu'il s'évapore, dont la proportion émise de chaque es-

pèce change avec le vieillissement et l'historique de la source. Ceci constitue une limite pour la MBE [5], nécessitant des calibrations fréquentes. Les
sources gazeuses utilisées en CBE et OMVPE n'ont pas ce problème. Cependant, la pression à laquelle OMVPE fonctionne (10-80 torr en général)
empêche l'utilisation de certaines techniques de caractérisation *in situ* dont
la diffraction d'électrons haute énergie en angle rasant (RHEED). Opérant
en régime de gaz raréfié ($<10^{-3}$ torr), CBE et MBE peuvent utiliser le
RHEED sans atténuation du faisceau d'électrons dans le gaz.

Note : CBE et production de masse

L'industrie n'a pu utiliser que ce qui était disponible lors du choix de
la technique de croissance en production de masse entre 1990 et 2000.
La CBE n'ayant que peu de prototypes multi-gaufre, elle a été reléguée
à la recherche [4]. La croissance effervescente de la télécommunication a
permis la création de monstres de croissance épitaxiale, avec peu d'égard à
l'économie sur les sources et les pompes. Ensuite, l'éclatement de la bulle
des télécommunications a fait grandement reculer le domaine, menant par
la suite à une approche plus prudente du marché.

C'est dans ce contexte que se place le LÉA, profitant d'un retour de
l'intérêt envers l'épitaxie pour montrer que la CBE a plus de flexibilité que
la MBE pour ses sources, mais qu'elle a le potentiel d'utiliser moins de ces
dites sources que OMVPE.

Or, de sérieux travaux ont eu lieu vers la fin des années 1990 à ce sujet.
Il est dit clairement que la CBE a un potentiel de loin supérieur à MBE
pour la production de masse [6].

En effet, un réacteur multi-gaufre demande à la MBE de plus gros
creusets de matériau source et une plus grande distance source-gaufre, ce
qui demande une plus grande chambre de croissance. Ceci a des impacts sur
plusieurs problèmes comme la puissance de pompage nécessaire, la surface
à refroidir et la dissipation thermique des creusets. L'utilisation de gaz

de la CBE permet un meilleur contrôle de la distribution des sources sur la gaufre, ce qui diminue la taille nécessaire du réacteur. Aussi, l'absence de creusets à haute température en CBE élimine un problème de MBE directement à sa source.

De son côté, le OMVPE a pour handicap principal la quantité de gaz source utilisée étant donnée l'opération typique entre 10 et 100 torr. Ceci a une influence sur les coûts, mais aussi sur l'aspect sécurité du système ainsi que son impact environnemental [6, 8]. La CBE fonctionne à des pressions de croissance de l'ordre de 10^{-4} torr, plusieurs ordres de grandeur plus faible que OMVPE, ce qui réduit d'autant l'utilisation de matériel source.

Il est rapporté [8] que la température de croissance plus faible de CBE (450-600 °C) par rapport à OMVPE (600-800 °C) permet plus facilement la reprise de croissance. Un budget thermique réduit pour certains dispositifs complexes est donc possible par CBE. Ainsi, la CBE a un potentiel élevé, bien qu'encore inexploité, pour la production de masse.

2.2   Les semi-conducteurs

2.2.1   Structure de bande et conduction

La plupart des semi-conducteurs peuvent être déposés par épitaxie. Ils sonc composés d'atomes du tableau périodique dans les colonnes II-B à VI-B (Figure 2.2).

Seuls les semi-conducteurs III-V sont considérés ici, plus particulièrement GaAs et GaInP. Ces deux matériaux ont une structure cristalline dite *zinc-blende*, montrée dans la Figure 2.3. Il s'agit de la structure du diamant, mais avec l'alternance de deux types d'atomes au lieu d'un seul. Un atome provient de la colonne III du tableau périodique et l'autre de la colonne V, d'où l'appellation III-V. Dans le GaInP, le gallium et l'indium proviennent tous les deux de la colonne III, et se partagent donc les sites de groupe III en fonction de la stoechiométrie de l'alliage.

11

FIG. 2.2 – *Colonnes II-B à VI-B du tableau périodique des éléments.*

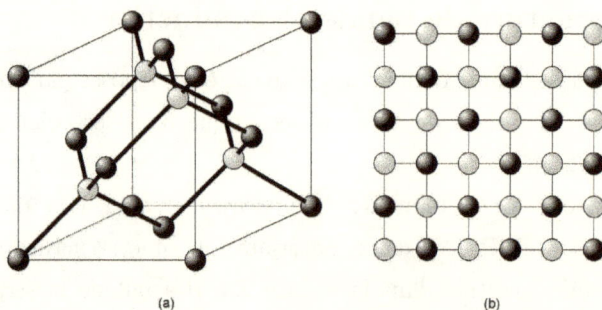

(a)   (b)

FIG. 2.3 – *(a) Structure zinc-blende d'un semi-conducteur et (b) analogie plane des liaisons tétraédriques.*

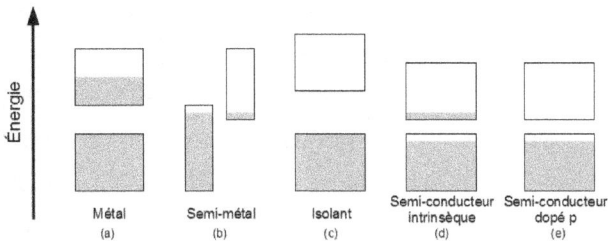

FIG. 2.4 – *Structures de bandes et nature des matériaux, inspiré de [9]*.

La conductivité électrique est un paramètre physique intéressant car d'un matériau à l'autre, elle peut varier sur une gamme de 32 ordres de grandeur [9]. Or, ce qui fait la différence entre la conductivité électrique de différents matériaux est la structure de bande.

En effet, la configuration hautement périodique des semi-conducteurs leurs confère une structure d'énergie particulière que l'on appelle *structure de bande*. Cette structure décrit l'ensemble des énergies disponibles dans le cristal pour des porteurs de charge électrique. C'est la façon par laquelle les bandes sont remplies qui détermine la nature du matériau, tel que montré par la Figure 2.4 pour différents types de matériaux. Cette structure de bande provient de l'interaction entre les électrons et le potentiel périodique créé par le réseau du solide. La force de liaison de chaque atome avec ses derniers électrons joue aussi un rôle très important à ce niveau.

Il est d'ailleurs possible, par une approche préférée par les chimistes, de considérer un cristal semi-conducteur comme une grosse molécule, ce qui permet de considérer la bande de valence comme un continuum d'orbitales liantes et la bande de conduction comme un continuum d'orbitales anti-liantes.

La conduction n'a lieu que si une bande n'est pas totalement pleine ou totalement vide, ce qui permet aux électrons de se déplacer par permutation avec les états inoccupés. Le métal et le semi-métal (Figure 2.4 a et b) sont donc conducteurs. Dans un isolant (c), la bande de valence est totalement pleine, tous les états sont remplis, les électrons ne peuvent donc se déplacer.

La différence entre l'isolant et le semi-conducteur (Figure 2.4 d) se situe dans la taille du gap entre la bande de valence et la bande de conduction. L'isolant a un gap trop élevé pour que la température ambiante permette à des électrons d'être promus dans la bande de conduction. Étant donné l'échange thermique possible à température ambiante, le semi-conducteur voit des électrons promus dans la bande de conduction. La différence entre l'isolant et le semi-conducteur est donc fine puisque lorsque refroidi jusqu'au zéro absolu, un semi-conducteur est généralement un isolant électrique. Enfin, le semi-conducteur (e) est différent, il manque d'électrons par un effet d'impuretés : du dopage, un sujet qui sera traité plus loin.

Un cristal comporte des atomes avec des électrons. Un électron participant à la conduction se trouve dans la bande de conduction. Tel que montré dans la Figure 2.5, une source d'énergie quelconque (thermique, mécanique, électrique, optique...) a promu cet électron dans la bande de conduction, laissant une orbitale inoccupée (absence d'électron) dans la bande de valence. Cette absence est appelée un trou, on a créé une paire électron-trou.

Un trou est un état électronique vide dans une bande complètement remplie et peut être considéré mathématiquement comme une particule. Cette particule reflète le comportement des $N - 1$ électrons de la bande dans laquelle elle se situe. Le trou a donc une charge positive et la même vitesse que les électrons dans cette bande, mais avec une direction opposée. De plus, il a l'opposé de la masse effective d'un électron qui remplirait ce trou dans la bande considérée [9].

Or, les trous participent aussi à la conduction, ce qui est équivalent à dire que tous les électrons laissés dans la bande de valence participent à la conduction. Cependant, il est mathématiquement plus aisé de ne considérer qu'une seule particule, le trou, plutôt chaque électron restant dans la bande de valence. C'est pourquoi le concept du trou est utilisé dans le domaine

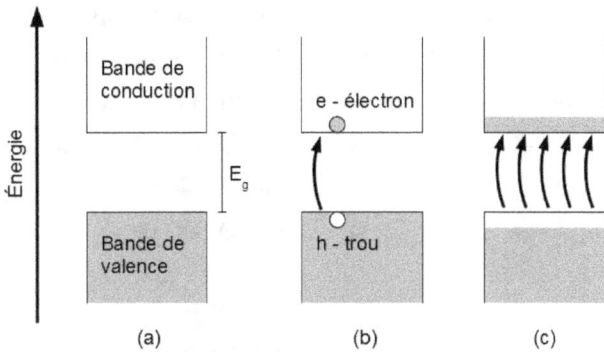

FIG. 2.5 – *Structure de bandes, électrons et trous. (a) Le semi-conducteur intrinsèque a sa bande de conduction vide à 0 K, séparée de la bande de valence par l'énergie de gap E_g. (b) une paire électron-trou est créée par l'excitation d'une électron. (c) Une multitude de paires sont créées, permettant la conduction dans le semi-conducteur.*

des semi-conducteurs.

2.2.2 Dopage des semi-conducteurs

Un matériau intrinsèque, c'est-à-dire totalement pur, a un trou dans la bande de valence pour chaque électron dans la bande de conduction. Le dopage d'un semi-conducteur a pour effet de briser cette balance. Le dopage peut être involontaire, des impuretés qui s'incorporent lors de la croissance du matériau par exemple. Pour la plupart des dispositifs électroniques, on dopera volontairement les matériaux.

Il est possible de briser la balance des paires électron-trou dans deux directions, soit en augmentant la quantité de trous (dopage type p), ou la quantité d'électrons (dopage type n). Le dopage est effectué en ajoutant de façon contrôlée des impuretés au matériau. Par exemple, le carbone (gr.IV) ajoutera un trou (dopage type p) en se plaçant sur un site d'arsenic, alors

15

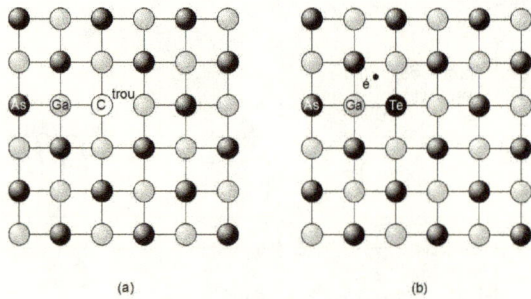

FIG. 2.6 – *Dopage d'un semi-conducteur III-V. Effet de la substitution d'un atome d'arsenic par (a) du carbone, (b) du tellure. Fortement inspiré de [10].*

que le tellure, élément du groupe VI, ajoutera un électron en occupant le même site, tel que montré dans la Figure 2.6.

Les dopants sont choisis pour la position de leur électron ou trou dans la structure de bande d'un semi-conducteur donné. En effet, la Figure 2.7 illustre comment les phonons présents à température de la pièce, peuvent transmettre leur énergie aux électrons. L'énergie disponible est de l'ordre de $k_B T \approx 25$ meV, ce qui veut dire que les niveaux d'énergie créés par la présence de dopants doivent être à moins de 25 meV pour en activer les porteurs.

Les atomes dopants se trouvent ionisés en libérant un porteur électron ou trou. De plus, le dopant n'a pas nécessairement la même taille que l'atome qu'il a remplacé. Par ces deux facteurs, les dopants perturbent le potentiel périodique que les porteurs électriques voient normalement. Ceci a une influence sur les caractéristiques de transport des porteurs de charge. En effet, la Figure 2.8 montre que leur mobilité se voit réduite avec l'augmentation de la concentration de dopants.

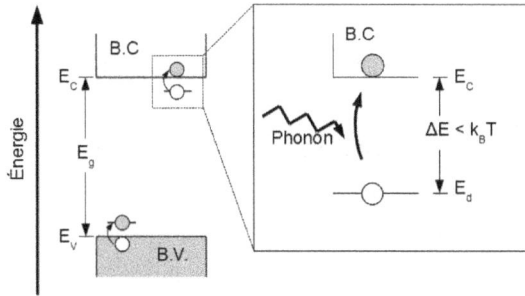

FIG. 2.7 – *Dopants dans la structure de bande. Un dopant n dans le haut du gap donne un électron à la bande de conduction. Un dopant p dans le bas du gap promeut un électron de la bande de valence, y créant un trou.*

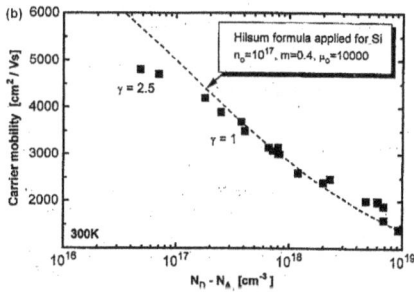

FIG. 2.8 – *Mobilité des électrons dans GaAs en fonction de leur concentration. Le dopage a été effectué au tellure [11].*

2.3 Caractérisation des matériaux

En épitaxie, il est nécessaire de connaître et utiliser plusieurs techniques de caractérisation des matériaux. Ces techniques permettent d'obtenir de l'information sur les matériaux bien entendu, mais aussi sur le procédé de croissance lui-même.

Cette section présente quelques techniques utilisées lors du présent projet. Certaines techniques de caractérisation sont utilisées pendant la croissance, ce sont les techniques de caractérisation *in-situ*. La plupart des techniques de caractérisations seront utilisées hors du réacteur de croissance, ce sont des techniques *ex-situ*. Ces deux groupes de techniques seront présentées ici.

2.3.1 Techniques de caractérisation *in situ*

Les techniques de caractérisation *in-situ* servent à bien contrôler la croissance épitaxiale, mais aident aussi à mieux comprendre les mécanismes de croissance ou a isoler des problèmes avec le système.

Ces techniques doivent être compatibles avec l'UHV et avec des gaz corrosifs. Il est aussi requis que ces techniques soient non destructives et n'influencent pas le déroulement de la croissance épitaxiale. On présente ici des techniques de caractérisation *in-situ* utilisées au LÉA.

ABES

La spectroscopie du seuil d'absorption (Absorption Band-Edge Spectroscopy – ABES) est utilisée pour mesurer la température de l'échantillon semi-conducteur lors de la croissance, que ce soit une gaufre de 100 mm de diamètre ou un petit échantillon de 1 cm^2. La Figure 2.9 montre le principe de base de l'ABES.

Étant donnée la structure de bande du matériau semi-conducteur, les photons ayant une énergie plus faible que le gap passeront sans être absor-

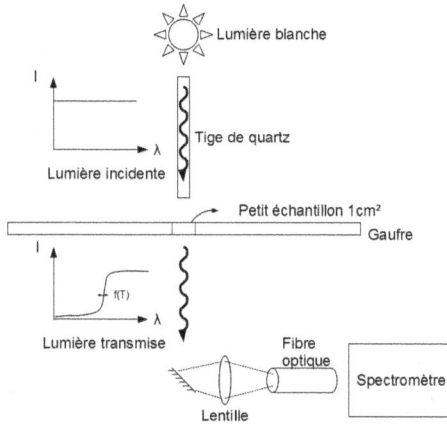

FIG. 2.9 – *Schéma de principe de l'ABES. La lumière transmise par l'échantillon est mesurée par un spectromètre et comparée au spectre mesuré sans échantillon.*

bés. Ceux ayant une énergie plus élevée seront absorbés par les électrons du matériau, qui seront excités de la bande de valence à la bande de conduction. À ces énergies supérieures au gap, on notera donc une importante chute de l'intensité lumineuse transmise par l'échantillon. Toute la lumière transmise sera ainsi collectée par le spectromètre, révélant le spectre d'absorption du matériau.

Or, la valeur du gap des semi-conducteurs varie avec la température et ce, de façon reproductible. Dans le cas du GaAs intrinsèque, son gap obéit à la relation suivante [12], avec $0 < T < 1000$ K :

$$E_g = 1{,}519 - \frac{5{,}405 \cdot 10^{-4}}{(T + 204)}T^2 \text{ (eV)} \qquad (2.1)$$

Cependant, l'absence d'informations sur la nature exacte des substrats utilisés empêche une approche théorique pour extraire la température depuis les spectres mesurés. Une courbe expérimentale de calibration est donc faite pour chaque type de substrat utilisé.

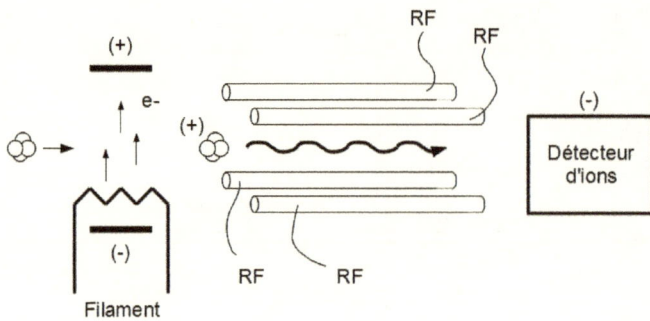

FIG. 2.10 – *Schéma du fonctionnement d'un RGA à quadrupôle.*

Ainsi, en traitant numériquement les données reçues du spectromètre, il est possible d'extraire la température de l'échantillon. La température est obtenue au centre de l'échantillon seulement, et ce sur toute son épaisseur.

Cette technique est limitée lorsque l'échantillon est rugueux au niveau de la face arrière ou en surface, ce qui diminue grandement la lumière reçue au spectromètre. De plus, la mesure n'étant faite qu'au centre de l'échantillon, on présume que la température est uniforme, ce qui est faux, tel que montré par les travaux de Badii Gsib au LÉA [13]. Aussi, lorsque plusieurs couches de natures différentes sont crues sur l'échantillon, le traitement numérique utilisé pour extraire le température ne considère que la nature du substrat. La mesure ABES peut donc être erronée puisque la lumière transmise devient une fonction convoluée de l'interaction du faisceau avec chaque couche en fonction de leur épaisseur.

RGA

L'analyse des gaz résiduels (Residual Gas Analysis – RGA) est le nom donné à une technique de spectrométrie de masse de gaz dans l'environnement UHV. Plus précisément, les molécules de gaz ambiant sont filtrées selon leur ratio masse sur charge.

En effet, tel que montré dans la Figure 2.10 les molécules présentes dans l'UHV sont ionisées par un faisceau d'électrons émis depuis un filament. Ensuite, les ions ainsi créés sont dirigé dans un analyseur de masse : un quadrupôle. Le quadrupôle est alimenté en tension RF à fréquence variable. Une fréquence donnée sélectionne un ratio masse sur charge. Les molécules ainsi sélectionnées atteignent alors le détecteur d'ions qui génère un courant proportionnel à la quantité de molécules reçues. Ainsi, en balayant en fréquence, on analyse le gaz selon le ratio masse sur charge.

L'analyse des résultats du RGA peuvent parfois être difficiles. Il est possible que plusieurs espèces aient le même ratio masse sur charge. Par exemple, le silicium (Si^+), l'azote (N_2^+) et l'ethyl ($C_2H_4^+$) ont tous trois le même ratio (28) et sont présents dans le réacteur épitaxial CBE. De plus, des molécules ayant de faibles liaisons internes peuvent être décomposées par le faisceau ionisant du spectromètre, et ainsi laisser des signaux à plusieurs masses différentes. De la même manière, certains molécules se voient ionisées deux fois (A^{2+}), elles sont donc détectées à un ratio masse sur charge réduit de moitié. Enfin, le RGA est suffisamment précis pour résoudre la présence d'isotopes, ce qui divise aussi certains pics.

Les spectres RGA sont donc sujets à interprétation, mais le RGA reste néanmoins un outil essentiel pour trouver des pistes de problèmes dans un système UHV et étudier les processus chimiques de la croissance CBE.

2.3.2   Techniques de caractérisation *ex-situ*

Après la croissance de matériaux, de nombreuses techniques de caractérisations sont disponibles pour obtenir une multitude d'informations sur le matériau ou dispositif. Ces caractérisations externes sont dites *ex-situ*. Il est possible d'utiliser des techniques non destructives ou destructives selon les besoins. Ces dernières devraient évidemment être la dernière étape sur un échantillon.

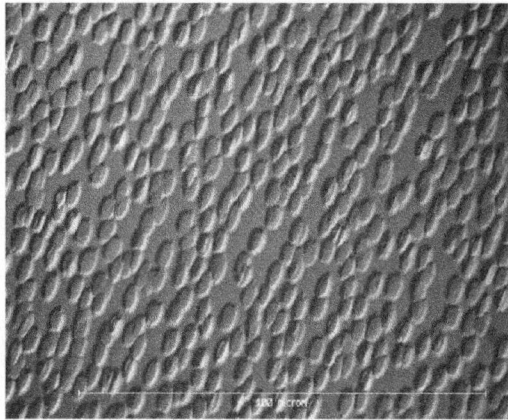

FIG. 2.11 – *Surface d'un échantillon de GaInP en fort désaccord de maille sur GaAs. Ce type de morphologie est souvent appelée "peau d'orange" (orange peel). Image obtenue par microscopie Nomarski.*

Microscopie de type Nomarski

Non destructive, la microscopie Nomarski est une technique de microscopie en réflexion, utilisant la polarisation ainsi que le contraste interférentiel. Elle révèle de faibles anisotropies des propriétés optiques du matériau en générant une grande variation de contraste. Ceci donne une image d'apparence tridimensionnelle à fort contraste, même pour une surface très régulière comme un semi-conducteur.

La microscopie Nomarski est donc utilisée pour observer et compter des défauts de taille micrométrique à millimétrique. Dans le cas de l'épitaxie, une matériau idéal devrait rendre impossible la tâche de mettre au point l'image, tant aucun contraste ne serait visible. Un exemple de mauvaise surface est présenté dans la Figure 2.11.

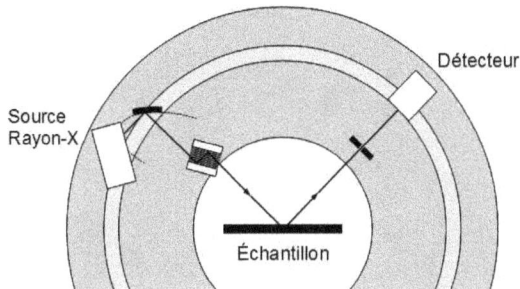

FIG. 2.12 – *Schéma d'un montage de HRXRD. Le faisceau est parallélisé, envoyé à l'échantillon et refiltré avant d'être détecté. Inspiré de [14].*

HRXRD

La diffraction des rayons-X en haute résolution (High Resolution X-Ray Diffraction – HRXRD) permet plusieurs mesures structurales quantitatives sur les échantillons semi-conducteurs. L'épaisseur de couches minces indivi-duelles, les paramètres de maille du matériau et la présence de contraintes sont des exemples de données qu'il est possible d'extraire du HRXRD [14]. Le HRXRD est une méthode non destructive.

La Figure 2.12 montre un schéma sommaire d'un montage de HRXRD. La source de rayon-X est généralement faite d'une cathode de cuivre, bom-bardée par des électrons de haute énergie, ce qui génère le rayonnement X. Un faisceau très collimaté est nécessaire pour une mesure de haute ré-solution. Des monochromateurs à double cristal ou des cellules de Bartels produisant au moins 4 réflexions sur des cristaux de germanium de grande qualité, sont utilisés pour filtrer le faisceau et limiter sa divergence.

L'échantillon diffracte les rayon-X selon la loi de Bragg :

$$2d \, sin\theta = m\lambda \qquad (2.2)$$

Le HRXRD est une mesure en volume. En effet, les rayons-X inter-agissent peu avec les matériaux semi-conducteurs, mais l'intensité incidente

23

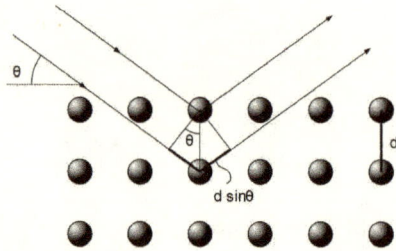

FIG. 2.13 – *Schéma simple de la loi de Bragg*

sur l'échantillon permet la détection d'une réponse du cristal sur toute son épaisseur. Tous les centres électroniques répondent de façon élastique à l'onde incidente en réémettant une onde de même longueur d'onde, dans toutes le directions. De l'interférence constructive aura lieu lorsque la loi de Bragg sera satisfaite.

La plupart des cristaux observés au laboratoire d'épitaxie sont cubiques à face centrée et montrent comme surface le plan [100]. La symétrie cfc admet le pic de quatrième ordre [400], qui a une intensité élevée et une séparation suffisamment importante des pics de diffraction pour bien les résoudre. C'est donc souvent autour de ce pic que les mesures sont faites.

Bien que ce soit une technique puissante pour caractériser les couches minces, le HRXRD est limité au niveau des mesures quantitatives lorsque le système devient multi-couche. Seuls certains motifs donnent encore des mesures précises, par exemple les super-réseaux.

Simulation HRXRD

Ici, on traitera rapidement de la simulation HRXRD, faite par le logiciel Leptos^{TM}. Ce logiciel permet de créer des échantillons virtuels et simuler une mesure HRXRD. Ceci permet de simuler même des structures complexes, pour lesquelles il est difficile de faire les calculs de façon manuelle. Il est donc possible de comparer une mesure réelle à une simulation afin de mieux comprendre sa nature.

Ce logiciel effectue les simulations à l'aide du modèle dynamique. Ce modèle permet une plus grande précision sur la largeur et l'intensité des pics de diffraction X obtenus d'échantillons hautement cristallins comme les semi-conducteurs épitaxiés [15].

De plus, Leptos^{TM} permet l'importation des données mesurées sur un échantillon réel. Par une approche itérative, Leptos^{TM} approche les paramètres de l'échantillon simulé pour minimiser la différence entre les mesures réelle et simulée. Ceci, évidemment, est fait dans les limites du modèle que l'utilisateur a mis en place.

L'utilisateur a donc un grand rôle à jouer et doit connaître la nature de base de l'échantillon qu'il tente de simuler.

AFM

La microscopie à force atomique (Atomic Force Microscopy – AFM) est une technique mesurant la topographie d'un échantillon. La surface est sondée à l'aide d'un cantilevier, c'est-à-dire une pointe nanométrique au bout d'un bras micrométrique en silicium.

Selon la nature de la pointe, elle subit diverses forces : contact mécanique, Van der Waals, électrostatique, magnétique, chimique... Au LÉA, les pointes utilisées sont en oxyde de silicium et ne subissent majoritairement que le contact mécanique et les forces Van der Waals. Ces forces sont subies par la pointe à très courte distance, tel qu'illustré dans la Figure 2.14.

Utilisée en mode contact, la pointe touche à la surface. Une système de rétroaction modifie la position verticale de l'échantillon afin de garder une déflexion constante de la pointe. Ce contrôle sur la position de l'échantillon est fait par l'action mécanique de cellules piézoélectriques.

Au LÉA, le mode *tapping* est utilisé. En mode *tapping*, la pointe oscille à sa fréquence de résonance. Lorsque la pointe approche de la surface, elle subit une force, qui change la fréquence d'oscillation de la pointe. Dans

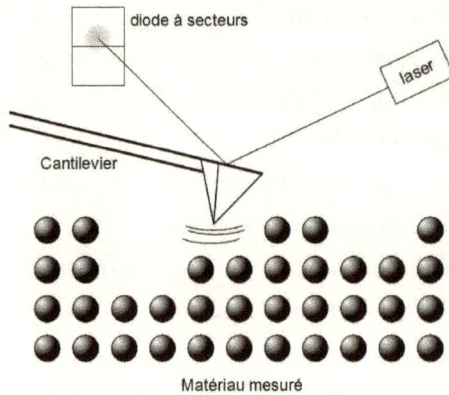

FIG. 2.14 – *Schéma de la mesure AFM. Très près de la surface, la pointe subit une force. La réflexion laser se voit modifiée, ce qui est mesuré à l'aide d'une diode à secteurs.*

ce cas, en modifiant la position verticale de l'échantillon, le système de rétroaction tente de garder la fréquence d'oscillation constante.

Le mode *tapping* passe moins de temps en contact avec la surface, ce qui endommage moins la pointe et l'échantillon. Leur durabilité augmente donc.

L'AFM a l'avantage d'offrir une résolution verticale de l'ordre de 0,1 nm, et une résolution latérale, de l'ordre du nanomètre. C'est au niveau de la taille des images que l'AFM se voit limité. En effet, l'AFM ne peut donner qu'une plage verticale d'environ 20 μm, et latérale d'environ 150 μm [16].

Effet Hall

L'effet Hall est un technique de caractérisation électrique. Elle permet notamment d'obtenir de l'information sur la densité des porteurs majoritaires ainsi que leur mobilité dans le cristal semi-conducteur. L'effet Hall est une technique moyennement destructive car elle requiert le dépôt de contacts électriques en indium.

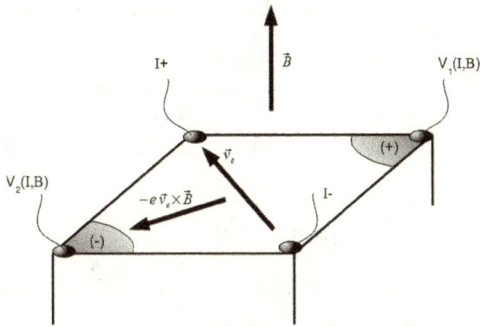

FIG. 2.15 – *Schéma de la mesure d'effet Hall. Un courant est injecté en deux points opposés et la tension est mesurée sur les deux autres.*

Au LÉA, la mesure d'effet Hall est effectuée sur un échantillon carré de 6 mm de côté, sur lequel on dépose des contacts d'indium au quatre coins, tel qu'illustré à la Figure 2.15.

La densité (n) et la mobilité (μ) des porteurs sont donnés respectivement par :

$$n = \frac{IB}{ed\,|V_H|} \qquad (2.3)$$

$$\mu = \frac{1}{en\rho} \qquad (2.4)$$

où n est la densité de porteurs en cm^{-3}, I est le courant injecté en ampère, e est la charge élémentaire $1{,}6 \cdot 10^{-19}$ C, d est l'épaisseur de la couche mesurée, V_H est différence de potentiel induite à V_1 et V_2 dans la Figure 2.15, en volts, μ est la mobilité des porteurs en V·cm^{-2}s^{-1} et enfin, ρ est la résistivité du matériau en Ω·cm [10].

Afin de déterminer V_H plus précisément, on effectue plusieurs mesures en permutant les contacts de façon à éliminer des irrégularités géométriques, mais aussi des anisotropies dans les propriétés du matériau.

La taille des contacts et les approximations utilisées lors du calcul de

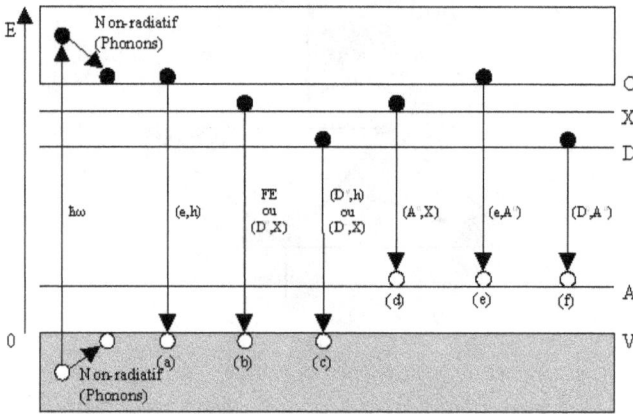

FIG. 2.16 – *Types de recombinaisons radiatives possibles pour une paire électron-trou, impliquant la bande de valence(V), la bande de conduction(C), les niveaux exciton(X), donneur(D) et accepteur(A) [17]. À noter que la position des niveaux n'est pas à l'échelle.*

l'effet Hall, génèrent des erreurs minimales de l'ordre de 10%. Toutefois, dans la plupart des dispositifs semi-conducteurs, les écarts entre les différents niveaux de dopages sont souvent d'un ordre de grandeur ou plus. La mesure effet Hall est donc une importante technique de caractérisation *ex-situ* pour le procédé épitaxial.

Photoluminescence

La photoluminescence est une technique optique utilisant une excitation laser pour promouvoir des électrons vers la bande de conduction. Pour ce faire, le laser doit avoir une énergie supérieure ou égale au gap du matériau étudié, créant des paires électron-trou. Les deux particules relaxent ensuite vers leur niveau initial. Cette relaxation peut s'effectuer par plusieurs parcours différents (Figure 2.16).

La probabilité de la recombinaison selon les différentes possibilités dépend principalement de la densité des états impliqués. Les charges tendent aussi à minimiser leur énergie avant de se recombiner, favorisant les transitions optiques de plus faible énergie, en autant que la symmétrie des états électroniques impliqués le permette.

La lumière émise par l'échantillon est donc recueillie et mesurée par un spectromètre afin d'obtenir une mesure d'intensité émise en fonction de l'énergie des photons.

2.4 Matériaux III-V en épitaxie

Pour le démarrage du réacteur CBE du LÉA, un choix a été fait pour les premiers matériaux. Le GaAs a été choisi comme substrat pour ses multiples applications, incluant celles dans les cellules photovoltaïques multijonctions [7].

Or, en choisissant un substrat, la croissance épitaxiale possible est limitée à des couches ayant presque exactement la même maille cristalline (Figure 2.17). Le GaAs a une maille cristalline de $5,65325 \pm 0,00002$ Å [18], ainsi qu'une bande interdite directe de 1,42 eV [19] à 300 K, se situant dans l'infrarouge. Les principaux pics de photoluminescence pouvant être observés à 4 K pour le GaAs sont présentés dans l'Annexe A.

Une homoépitaxie de GaAs sur GaAs est possible et constitue un point de départ au développement du procédé épitaxial au LÉA. Le GaAs, matériau binaire (deux espèces), est crû par la réaction de triéthyl-gallium (TEGa) et d'arsine (AsH_3) à la surface du substrat. L'arsine étant une molécule très stable, elle est craquée lors de son injection à une température de 950 °C, pour être envoyée à la surface de croissance sous forme métallique (As) et y réagir. La réaction de craquage est la suivante :

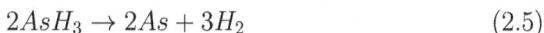

$$2AsH_3 \rightarrow 2As + 3H_2 \qquad (2.5)$$

Le GaInP, un alliage de GaP et InP, permet d'obtenir une maille compatible avec le substrat de GaAs autour de l'alliage $Ga_{0,51}In_{0,49}P$ [21]. Son bandgap a une énergie d'environ 1,9 eV à 300K [22], mais peut varier vers

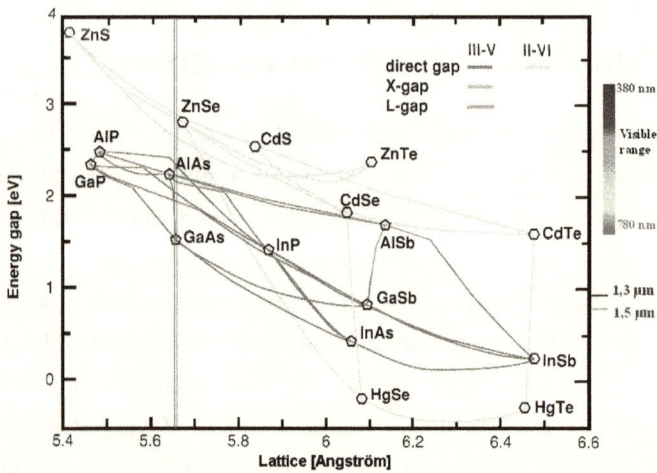

FIG. 2.17 – *Schéma représentant la position en énergie de bande interdite et en maille de différents semi-conducteurs [20]. Une fine bande a été ajoutée à la figure pour illustrer grossièrement la région acceptable de désaccord de maille autour du GaAs.*

1,85 eV lorsque le Ga et In sont ordonnés (*PT-ordering*), et vers 1,95 eV lorsqu'ils sont disposés de façon aléatoire [23]. Ce matériau constitue un test pour le réacteur au niveau de la croissance de matériaux ternaires (trois espèces). La croissance de matériaux ternaires demande effectivement l'envoi de deux gaz du groupe III, le triéthyl-gallium (TEGa) et le triméthyl-indium (TMIn). Le flux de ces deux gaz est mis en commun pour être envoyé à l'échantillon par le même injecteur.

Les propriétés du GaAs et GaInP obtenus dans la littérature sont mentionnés ici, de façon à avoir une base de comparaison pour les matériaux obtenus au LÉA.

2.5 Théorie du vide et gestion de gaz

2.5.1 Théorie de base

L'épitaxie par jets chimiques se pratique sous vide, à une pression voisine ou inférieure à 10^{-4} torr. À ce niveau de vide, le libre parcours moyen des molécules (λ) est supérieur ou égal à la distance injecteur-gaufre (L). Ainsi, le nombre de Knudsen Kn= λ/L est supérieur à 1, donc l'écoulement de gaz est dans le régime de flux moléculaire [24].

Dans ce régime, les molécules n'effectuent qu'une quantité négligeable de collisions entre elles. Une molécule s'échappant d'une surface aura donc une trajectoire rectiligne jusqu'à la prochaine surface rencontrée. Dans le cas de l'épitaxie par jets chimiques, une molécule partant de l'injecteur vers la gaufre ne sera pas déviée lors de son déplacement. La rareté des collisions évite également qu'aient lieu des réactions chimiques entre les molécules avant leur arrivée à la surface de croissance.

Dans le régime moléculaire, il y a absence d'effet d'entraînement. Ceci met en relief un effet qui existe dans tous les régimes de flux, mais qui n'a d'importance que dans un gaz raréfié : une molécule qui frappe un mur ne rebondit pas, elle s'adsorbe temporairement sur la surface puis est réémise

31

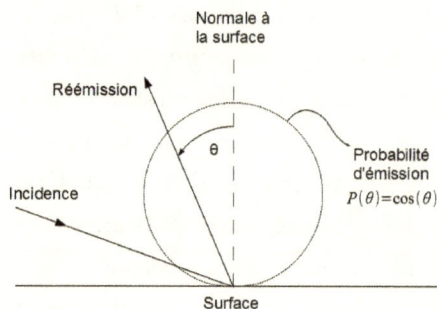

FIG. 2.18 – *Loi de réémission en cosinus de Knudsen. La réémission ne dépend pas de l'angle ou la vitesse incidente [24].*

sans égard à son angle d'arrivée. Sa réémission se fait selon la loi de cosinus de Knudsen [24], voir Figure 2.18.

Ainsi, pour un objet confinant le flux, comme un tuyau, un orifice ou la chambre de réaction, le débit dépend de la différence de pression (ΔP à l'entrée et à la sortie. Le débit (Q) est donné par :

$$Q = C\Delta P \quad \mathrm{Pa \cdot m^3/s} \tag{2.6}$$

et ce, peu importe le régime de flux considéré, qu'il soit visqueux, en transition ou moléculaire. C'est l'expression de la conductance (C) qui varie en changeant de régime.

Or, la conductance est une mesure de la facilité avec laquelle une composante permet le passage du gaz de l'une à l'autre de ses extrémités. L'effet d'entrainement en régime visqueux augmente la conductance d'une composante par rapport au régime moléculaire.

2.5.2 Acheminement de gaz

Le régime moléculaire a un impact très important sur les concepts d'acheminement des flux de gaz de croissance vers l'injecteur et l'évacua-

32

tion des produits de réactions et gaz inutilisés. En effet, puisqu'il n'y a qu'un nombre négligeable de collisions dans le régime moléculaire, il n'y a pas d'effet d'entrainement entre les molécules. Sans effet d'entrainement, rien n'empêche une molécule de revenir à contre-sens dans un système d'injection, par exemple après avoir été émise d'un mur par la loi de cosinus de Knudsen mentionnée plus haut. Ce dernier point est contre-intuitif face à l'expérience quotidienne du régime de flux visqueux et demande de la prudence lors de la conception d'un système de gestion de gaz.

En régime moléculaire, le principe de l'injection réside dans la création et le maintien d'un déséquilibre thermodynamique. La pression doit être plus élevée à sa source qu'à la destination. Ainsi pour se stabiliser, le système tente d'uniformiser la pression dans la bouteille source et celle dans la chambre de réaction (réacteur). Ceci crée donc un flux net de la bouteille vers le réacteur.

Le maintien de ce déséquilibre thermodynamique est obtenu par la satisfaction de deux critères.

Le premier critère est que la bouteille doit conserver une pression interne suffisamment élevée pour obtenir la pression de contrôle demandée par l'ordinateur. La source chimique est choisie selon sa pression de vapeur, de l'ordre de 1 à 10 torr. Cette pression détermine donc la pression de contrôle maximale pour le gaz choisi.

Le second critère est que le réacteur conserve une pression suffisamment basse pour créer une différence significative avec la pression de contrôle. Avec un système de pompage adéquat, bien qu'il y ait un flux net de la bouteille vers le réacteur, la pression du réacteur ne devrait augmenter que de façon négligeable par rapport au gradient présent.

En mettant en oeuvre ces deux critères, le gradient de pression est conservé, il est assuré d'avoir un flux net de la bouteille source au réacteur selon la loi de diffusion de Fick. Cependant, il n'est pas suffisant d'avoir un flux. Celui-ci doit :

1. pouvoir être arrêté complètement et rapidement.
2. permettre des changements rapides de flux.
3. être très stable sur plusieurs ordres de grandeur de flux.

Le schéma montré à la Figure 2.19 présente les cellules de contrôle utilisées au LÉA qui permettent de satisfaire ces contraintes. Une boucle de rétroaction est effectuée pour ajuster l'ouverture de la valve V de façon à stabiliser la pression P à une consigne donnée. Une pression correspond à un débit à travers la restriction de géométrie fixe R. Un choix éclairé de la taille de la restriction est donc primordial. Tel qu'illustré, plusieurs cellules peuvent être mises en parallèle. Leurs débits se rejoignent dans le collecteur "Run" ou "Vent", le premier allant vers le réacteur, alors que le second dirige la gaz vers une pompe. Ce système permet donc de bien contrôler les flux de gaz selon les critères énumérés plus haut. Il est étudié plus en profondeur dans la Section 3.1.2.

Ainsi, pour permettre l'arrêt complet d'un flux de façon abrupte, il faut qu'après la fermeture de la source, les tuyaux menant de la source au réacteur puissent se vider complètement et rapidement. Cette rapidité sera assurée par un grande conductance de la tuyauterie entre la valve RUN et la chambre de réaction. Pour ce faire il est recommandé d'utiliser une tuyauterie la plus courte possible et avec un diamètre important. De plus, il est utile d'éviter les coudes qui réduisent encore plus la conductance. L'autre critère important est la température des parois du tube. Lorsque les parois sont chauffées, les molécules de gaz qui y sont adsorbées le sont en plus faible quantité et quittent plus rapidement. Le chauffage des tuyaux permet aussi d'éviter la condensation du gaz dans les tuyaux, qui agirait comme source secondaire, ceci fausserait la relation entre la pression de contrôle et le flux de gaz vers la chambre.

Enfin, le système d'injection doit pouvoir contrôler plus d'un flux et ce, sans interdépendance entre les différentes lignes de gaz. La conception de la tuyauterie doit donc défavoriser un flux net d'une source vers une autre.

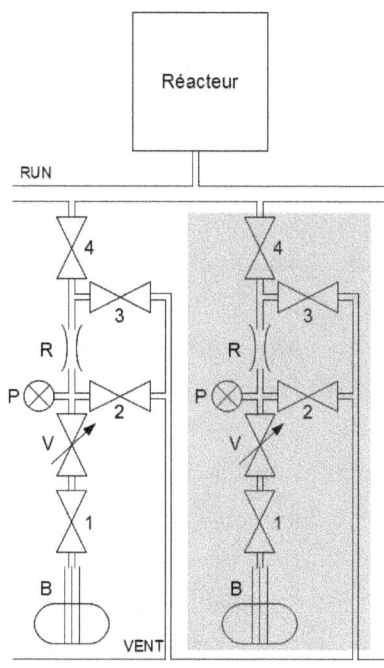

FIG. 2.19 – *Schéma d'un cabinet de gaz à deux cellules. Une cellule est mise en évidence dans le carré grisé. Une cellule comporte quatre valves pneumatiques (1 à 4) pour diriger le débit de gaz issu de la bouteille de gaz source (B). Une valve à ouverture variable (V) permet de contrôler la pression mesurée en P. Une pression donnée P résulte en un débit à travers de la restriction R, débit qui va au réacteur.*

Là où la conductance doit être élevée de la source au réacteur, elle doit être relativement faible d'une source à l'autre. La conductance des tuyaux menant à la jonction des deux gaz doit donc être raisonnablement faible par rapport à la conductance élevée du tuyau acheminant les gaz réunis au réacteur.

2.5.3   Pompes et vitesse de pompage

Le choix du système de pompage dans un réacteur de croissance épitaxiale dépend de la quantité de gaz à pomper en continu lors de l'opération et du niveau de vide visé. Ces paramètres diffèrent selon la technique d'épitaxie utilisée.

Il est important de mentionner qu'il existe deux grands types de pompage : le pompage actif et le pompage passif. Le pompage de type actif a pour fonction d'évacuer les molécules vers l'extérieur du système, contrairement à un système de type passif, ou dit accumulateur (*getter*), qui consiste à utiliser des parois pour emprisonner les molécules.

Dans le cas de l'épitaxie par jets chimiques (CBE), un pompage actif est généralement favorisé car il simplifie l'opération. En effet, les sources chimiques utilisées par CBE se décomposent à la surface de croissance, générant une multitude de produits de réactions qui doivent être pompés.

Toutefois, au LÉA, une pompe cryogénique a été choisie comme pompe principale pour la chambre de réaction. La pompe cryogénique est de type accumulateur. Elle retire les molécules du gaz ambiant en les fixant sur des surfaces froides. Le choix a été motivé principalement par la recherche d'une vitesse de pompage plus élevée - la pompe cryogénique possède le meilleur rapport taille/vitesse de pompage, ainsi que par un souci de coût. La pompe cryogénique est plus fiable que les pompes turbomoléculaires et coûte une fraction du prix.

Ces deux systèmes de pompage sont présentés ici.

Pompe cryogénique

Tel que discuté précédemment, les molécules entrant en collision avec un mur y résident un certain temps. Ce temps dépend d'une éventuelle interaction physique ou chimique avec le mur, mais aussi de la température. Une molécule incidente sur un mur voit son énergie cinétique absorbée. Ensuite des phonons, vibrations thermiques dans un matériau, viennent fournir à la molécule l'énergie suffisante pour se détacher de la surface.

Or, une pompe cryogénique amène ses murs à une température d'environ 8 à 10 K. Il y a donc très peu d'énergie disponible pour déloger les molécules adsorbées aux murs. Ces dernières restent donc "collées" et effectivement pompées.

Toutefois, de très petites molécules ne pourraient être ainsi pompées. En effet, l'hydrogène et l'hélium ne nécessitent que très peu d'énergie pour la désorption (pression de vapeur très élevée) et sont très peu retenues par les murs seuls. L'hélium n'est pas présent dans le réacteur CBE du LÉA. Toutefois, l'hydrogène est présent en grande quantité, issu de la décomposition des diverses sources organo-métalliques, mais surtout celle des hydrures (AsH_3 et PH_3). Décomposée de façon complète, chaque mole d'hydrure génère 1,5 mole d'hydrogène H_2. Afin de conserver une pression permettant le régime moléculaire, l'hydrogène doit être pompé efficacement.

Les pompes cryogéniques sont donc équippées d'un module de charbon activé sur les parois les plus froides de la pompe. Ce charbon activé est très poreux et a donc une surface spécifique très élevée, qui capte l'hydrogène. À ce niveau, le charbon activé est efficace et est même une solution envisagée pour le stockage d'hydrogène [25]. Il complète donc le pompage de l'hydrogène pour la pompe cryogénique.

Puisque la pompe accumule du gaz sur ses surfaces froides, elle doit être régénérée périodiquement afin de conserver sa vitesse de pompage. Toutefois, l'absence de pièces mobiles dans l'UHV la rend moins coûteuse lors de bris. La pompe cryogénique est donc envisageable comme pompe principale.

Pompe turbo-moléculaire

La pompe turbo-moléculaire est une pompe axiale. Un rotor tourne autour de cet axe à très grande vitesse (24000 à 60000 RPM [24]), poussant les molécules le long de l'axe, vers l'extérieur du système par un principe appelé "transfert de quantité de mouvement". À cette vitesse, les ailettes du rotor vont plus vite que les molécules de gaz. Elles peuvent donc happer les molécules et les rabattre vers la sortie du système.

Toutefois, les petites molécules sont difficiles à pomper dans ce cas aussi. Effectivement, la vitesse moyenne des molécules est donnée par :

$$\left(\frac{8k_B T}{\pi m}\right)^{1/2} \tag{2.7}$$

Or, là où la vitesse moyenne de l'azote N_2 est d'environ 476 m/s, celle de l'hydrogène H_2 est d'environ 1782 m/s à 300 K. Ainsi, il est possible de considérer par exemple une pompe avec un rotor de 10 cm de diamètre tournant à 60000 RPM. Une ailette voit alors son bout se déplacer à 628 m/s. Ceci est donc insuffisant pour contraindre les molécules d'hydrogène à se déplacer hors du système.

Bien que l'exemple ci-dessus soit plutôt simpliste, il reste que la pompe turbo-moléculaire n'excelle pas autant que la pompe cryogénique au niveau de l'évacuation de l'hydrogène. De plus, une pièce mobile en rotation très rapide dans un système UHV est un risque de bris coûteux.

La pompe turbo-moléculaire a cependant l'avantage d'être simple d'utilisation, ne nécessitant pas de régénération.

Vitesse de pompage

La vitesse de pompage est donnée par :

$$S = \frac{Q}{P} \ \mathrm{m}^3/\mathrm{s} \tag{2.8}$$

Elle a les mêmes unités que la conductance. Cependant, la conductance est liée à la probabilité que les particules passent d'un bout à l'autre d'une composante, alors que la vitesse de pompage est liée à la probabilité que les particules ont de passer une surface. La surface considérée correspond à l'aire de l'entrée de la pompe.

Bien qu'en unités SI, les m^3/s soient utilisés, les caractéristiques des pompes sont généralement données en L/s. Ceci permet donc de comparer les différentes pompes entre elles.

2.6 Asservissement de procédé

2.6.1 LabVIEW et PXI de National Instruments

LabVIEW^{TM} est un environnement de programmation graphique développé par National Instruments. Il permet une approche plus intuitive à la programmation que d'autres langages. Il permet aussi de donner au code la même forme que le diagramme logique effectué lors de la conception du code. Ceci a pour avantage que le code devient plus facile à approcher même pour un nouveau programmeur dans un programme existant. Cependant pour des programmes de grande envergure, LabVIEW^{TM} requiert une maintenance de l'aspect visuel du code pour faciliter sa compréhension, un aspect moins important dans les autres types de code.

LabVIEW^{TM} est particulièrement orienté vers l'utilisation scientifique et technique, dans des environnements variés de développement, test et contrôle, etc. Il inclut donc plusieurs modules préprogrammés et optimisés pour plusieurs tâches dont l'acquisition de données via différentes interfaces de communications, le traitement de données, l'analyse, le contrôle en rétroaction, etc. De plus, il est aussi facile de créer une interface graphique directement liée au code et agréable à utiliser.

Ce langage a déjà été utilisé pour automatiser d'autres systèmes de déposition, dont un système de déposition par plasma [26]. Des limitations du langage LabVIEW^{TM} ont été mentionnées, telles la lente communication des variables globales et le manque de contrôle sur la parallélisation de l'exécution. Toutefois, ceci datant de 1997, National Instruments a pu remédier à ces problèmes.

National Instruments propose aussi du matériel optimisé pour les diverses applications du code LabVIEW^{TM}. Le PXI est un système incluant un ordinateur compact directement connecté à une ou plusieurs cartes d'acquisition. L'utilisation combinée du PXI et du code LabVIEW^{TM} permet l'intégration rapide d'une multitude de systèmes différents à un même ordinateur. C'est cette approche qui a été utilisée au Laboratoire d'Épitaxie Avancée (LÉA) de l'Université de Sherbrooke.

2.6.2   Théorie de contrôle PID

Lorsqu'un paramètre dans un procédé doit être asservi, il faut généralement faire appel à une boucle de rétroaction. Une boucle de rétroaction consiste à mesurer le paramètre qui doit être contrôlé, le comparer à la consigne voulue et prendre action pour rectifier le paramètre et l'approcher de la consigne. Le paramètre est à nouveau mesuré, comparé à la consigne, rectifié, ainsi de suite. La boucle de rétroaction est donc un système permettant de contrôler un paramètre sans connaître *complètement* le système dans lequel il évolue.

Le contrôle PID est une méthode de calcul pour effectuer une rétroaction. Le sigle PID désigne les trois paramètres de calcul : Proportionnel, Intégral, Différentiel. Dans l'équation 2.9, l'écart entre la consigne et le paramètre asservi est désigné par e. Le résultat de cette somme peut donc être utilisé comme rétroaction pour le procédé. Ainsi, un système de rétroaction utilisant l'algorithme PID peut prendre la forme montrée sur la

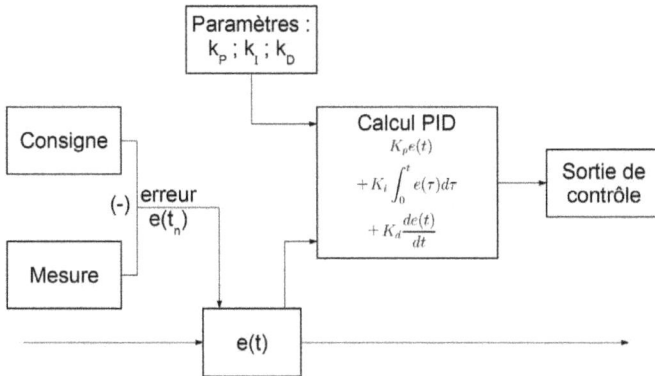

FIG. 2.20 – *Schéma de fonctionnement du calcul PID pour une boucle de rétroaction. À noter que selon les définitions données dans le texte, $K_i = K_p/T_i$ et $K_d = T_d K_p$.*

Figure 2.20 [27].

$$C = K_p \left(e(t) + \frac{1}{T_i} \int_{t-T_i}^{t} e(\tau)d\tau + T_d \frac{de(t)}{dt} \right) \qquad (2.9)$$

À l'aide des paramètres proportionnel (K_p), intégral (T_i) et dérivatif (T_d), la sortie de contrôle (C) reçue peut être calculée et utilisée de plusieurs manières. Ce peut être une tension analogique à appliquer, un courant à fournir, etc.

Contrôle PWM

Il est possible d'utiliser un calcul PID pour contrôler un système qui ne permet pas une consigne analogique, mais seulement un état ouvert ou fermé, allumé ou éteint...

Dans ce cas, il est possible d'utiliser la modulation de largeur d'impulsion (Pulse Width Modulation – PWM). Il faut d'abord déterminer une période de contrôle C. Le PID fonctionne de la même manière, avec une consigne et la mesure sur le système. Il répond avec une valeur analogique

41

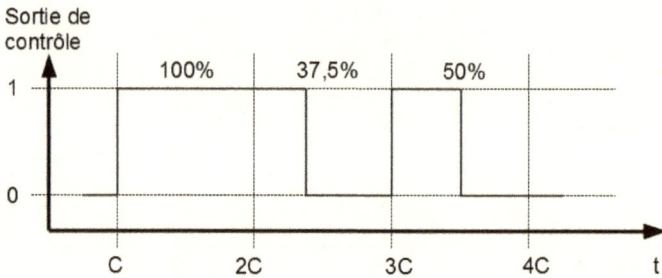

FIG. 2.21 – *Schéma de principe de la modulation de largeur d'impulsion (PWM). Trois périodes de contrôle sont montrées, avec différentes largeurs d'impulsion.*

qui est appliquée à la proportion que prend l'impulsion dans la période C (Figure 2.21).

Ajustement des paramètres PID

Dans son *PID Control Toolkit*, LabVIEW^{TM} comprend un module de contrôle PID complet. En plus de la consigne et la mesure de la variable de procédé, ce module demande des paramètres de contrôle PID : K_p,T_i et T_d. Ces paramètres doivent être déterminés lors de l'ajustement du système. Or, afin d'éviter l'exploration complète de l'espace tridimensionnel des paramètres, il existe plusieurs méthodes d'ajustement initial.

L'une de ces méthodes, proposée par Ziegler et Nichols [28], demande d'augmenter le paramètre K_p jusqu'à ce qu'une oscillation d'intensité régulière s'installe dans le système. Le gain K_p atteint s'appelle le gain ultime K_u, et la période de l'oscillation est la période ultime T_u. Les paramètres PID initiaux sont donc déterminés par :

$$K_p = 0{,}6K_u \qquad (2.10)$$

$$T_i = 0{,}5T_u \qquad (2.11)$$

$$T_d = 0{,}125T_u \qquad (2.12)$$

Les paramètres ainsi obtenus peuvent ensuite être ajustés de façon à optimiser le comportement voulu, ce qui dépend grandement de l'expérience de l'opérateur [27].

L'expérience de l'opérateur devient d'autant plus importante puisque les systèmes contrôlés en épitaxie n'ont généralement qu'un contrôle dit positif. En effet, la température de l'échantillon est contrôlée par un élément chauffant, aucun refroidisseur n'est impliqué. De la même manière, la pression contrôlée dans la cellule de gaz peut être augmentée en ouvrant la valve de contrôle, mais ne peut être réduite de façon contrôlée par le PID. Ainsi, les systèmes ne réagissent pas de la même manière sur la montée que sur la descente de la variable de procédé, limitant l'efficacité du contrôle PID.

Chapitre 3

Montage et contrôle du réacteur CBE

Étant donné le but de ce projet qui est de démarrer le réacteur épitaxial CBE du LÉA, plusieurs problématiques de nature différente ont été rencontrées, analysées et réglées. Ce chapitre présente les différents problèmes ainsi que leurs solutions, qui font appel à des connaissances aussi diverses que le contrôle de procédé, la théorie du vide, la physique des semi-conducteurs, etc.

Puisque ce projet couvre un large spectre de problématiques, ce chapitre est divisé en sections gérant indépendamment chaque problème, avec sa résolution et son analyse propre.

3.1 Réacteur CBE – Montage Expérimental

Le réacteur épitaxial CBE du LÉA est présenté à la Figure 3.1. Il est le centre des problématiques qui seront présentées dans les sections suivantes. Il peut être séparé en trois parties importantes, le sas, le module de transfert et la chambre de réaction. Chaque partie est pompée de façon indépendante.

Le sas est le seul accès possible pour l'utilisateur, qui y introduit et

FIG. 3.1 – *Réacteur épitaxial CBE VG Semicon VG90H.*

retire les échantillons. La face de croissance des échantillons (gaufres de 100 mm ou petits échantillons de 1 cm^2) est gardée vers le bas lors de tout le processus afin d'éviter que des particules ne s'y déposent et la contaminent.

Le module de transfert permet d'amener les échantillons dans la chambre de réaction. il a le potentiel d'avoir deux chambres connectées. Il n'y en a qu'une seule au LÉA.

La chambre de réaction est l'endroit où la croissance épitaxiale a lieu. L'épitaxie est un processus sensible qui nécessite le contrôle précis de deux paramètres principaux : la température et les débits de gaz. Le contrôle de ces paramètres est le coeur du système et ce, peu importe la technique de croissance utilisée.

Plus particulièrement pour la CBE, à l'instar de la MBE, un vide poussé doit être maintenu par un système de pompage performant et ce, dans les trois parties du système.

La température, les débits et le pompage sont traités ci-dessous.

3.1.1 Contrôle de température

Le chauffage de l'échantillon est effectué de façon radiative avec une élément chauffant en graphite pyrolitique (recouvert de nitrure de bore). Un thermocouple est placé près de l'élément chauffant pour obtenir une lecture de température. Une boucle de rétroaction est mise en place pour contrôler l'alimentation de l'élément chauffant de 0 à 1000 W en fonction de la température mesurée.

Cependant, le thermocouple est dans le vide, c'est-à-dire ni en contact avec l'échantillon ni avec un gaz qui permettrait de faire un échange thermique efficace. La mesure du thermocouple n'est pas fidèle à la température de l'échantillon, que ce soit au niveau de sa réponse temporelle ou de sa température absolue. De plus, avec le temps, le thermocouple se voit recouvert des diverses sources utilisées, ce qui rend la mesure non reproductible. Une mesure complémentaire est donc nécessaire.

L'ABES, décrit à la Section 2.3.1, est donc utilisé pour obtenir une température absolue et directement reliée à l'échantillon. L'acquisition du spectre ABES est faite par un spectromètre d'$InGaAs$ NIR-512 de Ocean Optics. Sans pièces mobiles, il capte simultanément la lumière dans la plage de longueurs d'onde de 860 à 1740 nm à l'aide de ses 510 pixels.

Dans la mesure ABES, le paramètre à extraire est la position du seuil d'absorption. Le seuil d'absorption, comme son nom le dit, est une forte variation du spectre d'absorption ou de transmission d'un semi-conducteur. Le processus de traitement de signal, développé et perfectionné avec les contributions de Badii Gsib et Bernard Paquette, est divisé en 6 étapes :

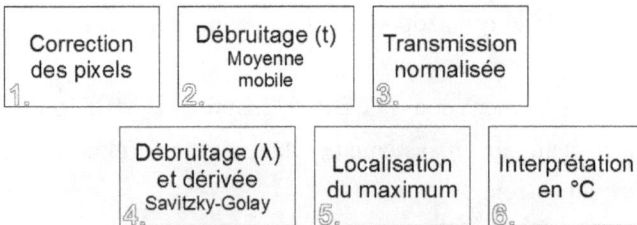

Correction des pixels 1.	Débruitage (t) Moyenne mobile 2.	Transmission normalisée 3.
Débruitage (λ) et dérivée Savitzky-Golay 4.	Localisation du maximum 5.	Interprétation en °C 6.

Correction des pixels

La correction des pixels est nécessaire car ils sont sujets à différents types de signaux indésirables qu'il faut éliminer pour chaque pixel individuellement. En effet, le nombre de comptes mesurés pour un pixel en une durée τ est montrée dans l'équation suivante :

$$S_B = S_O \cdot \tau + S_{CO} \cdot \tau + S_{EC} \qquad (3.1)$$

avec S_B : Le signal brut mesuré par le pixel (comptes)

S_O : Le signal optique réel à mesurer (comptes/sec)

S_{CO} : Le signal dû au courant d'obscurité (comptes/sec)

S_{EC} : L'erreur du compteur numérique (comptes)

Il faut donc un moyen d'effectuer une mesure des deux signaux indésirables S_{CO} et S_{EC}. Ces deux signaux sont mesurés respectivement par le signal à excitation nulle et le signal à temps nul.

Le signal à temps nul ($\tau = 0$) est une extrapolation vers un temps d'acquisition nul, du signal obtenu pour un pixel. Ce signal est un décalage électronique provenant du compteur numérique utilisé dans le circuit de conditionnement du signal. Bien que ce signal soit petit, il peut avoir un effet important lorsque le signal à mesurer diminue en intensité.

Avec l'erreur du compteur numérique éliminée, le signal à excitation nulle doit être traité. Ce signal est une mesure du courant d'obscurité (*dark current*) du système de détection. Le courant d'obscurité est le signal produit par un détecteur optique en l'absence de lumière. Ce taux, en comptes par seconde, est obtenu avec la mesure du pixel en fonction du temps d'acquisition, en éliminant toute lumière à l'entrée du spectromètre. Il est causé par la génération spontanée (thermique) de paires électron-trou dans le dispositif, séparées par la polarisation électrique du dispositif et détectées.

La mesure brute de chaque pixel est donc traitée pour chaque spectre acquis. Pour une mesure de durée τ, pour un pixel donné, le signal optique recherché S_O est obtenu depuis le signal brut S_B par une simple réorganisation de l'équation 3.1 :

$$S_O = \frac{S_B - S_{EC}}{\tau} - S_{CO} \qquad (3.2)$$

Débruitage en temps

Ayant obtenu un signal corrigé de chaque pixel pour les signaux indésirables fixes, le spectre peut alors être filtré pour réduire le bruit et les variations statistiques du signal numérique. Dans ce but, plusieurs spectres sont acquis et moyennés sur une période finie. La moyenne agit comme un filtre passe-bas, réduisant l'influence de fluctuations haute fréquence, pour laisser passer les variations lentes, dont la constante de temps est liée à la durée de la période sur laquelle la moyenne est calculée. Le système thermique gaufre-four est lent et justifie l'utilisation de ce filtre.

Or, la capacité qu'a le spectromètre de capter simultanément tout le spectre permet une acquisition rapide, il est donc possible d'appliquer la moyenne sur plusieurs spectres par seconde. En effet, l'acquisition étant faite à chaque dixième de seconde, on moyenne sur trois secondes de données, soit les 30 spectres les plus récents.

Obtention du spectre de transmission normalisé

Le spectre transmis moyenné est ensuite comparé à un spectre moyenné de référence. Ce spectre acquis préalablement en l'absence d'échantillon semi-conducteur représente le signal de l'émission optique de la source lumineuse, combiné aux différentes contributions spectrales, telles que l'absorption dans le système de mesure. Le spectre transmis est donc divisé par le spectre référence, donnant lieu au spectre de transmittance normalisé de l'échantillon.

Débruitage en longueurs d'onde et dérivée

Un second filtrage du signal est appliqué afin de lisser la forme spectrale. Un lissage est obtenu en lui appliquant un filtre Savitzky-Golay. Le code LabVIEW^{TM} propose un module Savitzky-Golay préconçu (basé sur [29]) qui filtre le fonction d'entrée et en extrait la dérivée. L'algorithme Savitzky-Golay consiste à appliquer une régression polynomiale de degré n au signal. La dérivée est obtenue de cette régression polynomiale adoucie, ce qui permet d'affranchir la dérivée d'une importante part du bruit du signal non filtré.

Localisation du maximum et interprétation en Celsius

Lorsque la première dérivée du spectre est calculée, la transition abrupte entre les régions absorbante et transparente du spectre typique d'un semi-conducteur est alors représentée par un pic, dont la position peut être reliée à la bande interdite du semi-conducteur. La température est ensuite obtenue par la relation unique qui existe entre la valeur de bande interdite d'un semi-conducteur et sa température.

De là, plusieurs options sont ouvertes pour déterminer la température en Celsius. En théorie, la position en énergie du gap de plusieurs semi-conducteurs purs est connue. Cependant, il est préférable d'effectuer des calibrations expérimentales pour chaque type de substrat utilisé puisqu'ils sont souvent dopés, ce qui déroge de la théorie.

Les calibrations utilisées ont été récupérées des données d'utilisation du temps où le réacteur CBE était utilisé chez Nortel. Afin d'utiliser ces calibrations, il faut obtenir la dérivée de la transmittance du matériau. Étant donné que la transmittance comprend une marche, un pic apparaît dans sa dérivée. La calibration de chez Nortel demande de faire passer une droite sur le flanc montant du pic de la dérivée du spectre de transmission tel qu'illustré dans la Figure 3.2. Une relation polynômiale est appliquée à l'abscisse à l'origine de la droite pour en extraire la température du sub-

49

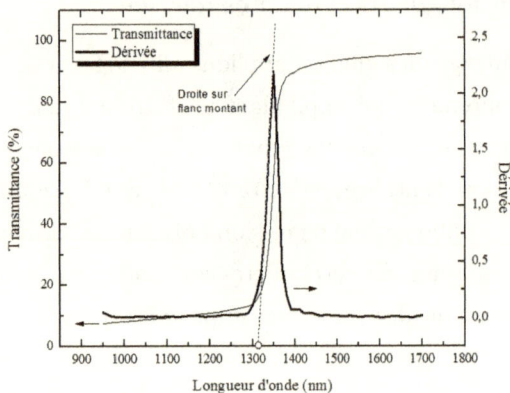

FIG. 3.2 – *Méthode d'évaluation de la température en ABES. La transmittance montre une marche, qui une fois dérivée résulte en un pic à l'énergie de bande interdite du substrat. L'abscisse à l'origine (∼1313 nm) de la droite au flanc montant du pic est utilisée pour calculer la température du matériau (∼840 °C) par l'Équation 3.3. À noter que cette figure montre des données fictives.*

strat. Par exemple, la relation suivante permet d'obtenir la température du GaAs semi-isolant par la manière décrite ci-dessus, avec x en nanomètres :

$$T_{GaAs-SI} \left(\, ^\circ\text{C} \right) = -7355 + 16,10x - 0,01137x^2 + 2,941 \cdot 10^{-6}x^3 \qquad (3.3)$$

Cette relation polynômiale est illustrée à la Figure 3.3, qui montre aussi la température qui serait obtenue en utilisant l'équation théorique du gap du GaAs pur (Équation 2.1). Il existe une différence notable entre les deux méthodes, ce qui justifie l'utilisation de la calibration expérimentale, au détriment de l'expression théorique.

Il existe un projet au LÉA ayant pour but la réalisation d'un montage permettant la calibration de l'ABES. Des calibrations pourraient être obtenues pour tout matériau avec un gap dans la plage du spectromètre

50

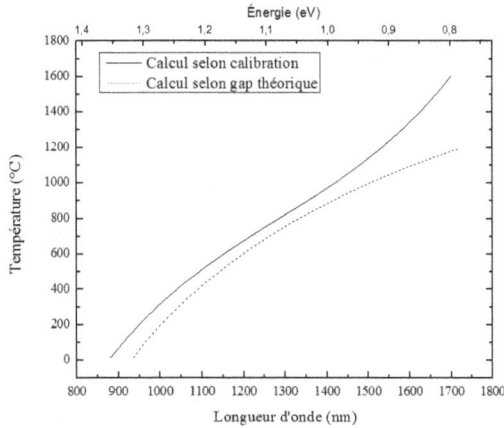

FIG. 3.3 – *Relation entre gap et température du substrat de GaAs-SI en ABES. On compare la température donnée selon le gap théorique (Équation 2.1) et la calibration expérimentale (Équation 3.3).*

NIR-512, soit de 860 à 1737 nm.

3.1.2 Contrôle de débit

Prévu pour la croissance de matériaux III-V, le réacteur du LÉA doit permettre l'injection de chacun des gaz requis lors d'une croissance. Les gaz sont divisés en trois groupes qui sont injectés séparément : les gaz de la colonne III, les gaz de la colonne V et les dopants. Ces derniers proviennent généralement des colonnes II, IV ou VI du tableau périodique.

Le réacteur CBE compte deux cabinets de gaz, chacun pouvant gérer six sources. Les sources du groupe III, V et les dopants sont organisées selon le Tableau 3.1. Le cabinet B est montré sur la Figure 3.4. À noter au sommet du cabinet B, les deux tuyaux collecteurs indépendants afin d'acheminer séparément les dopants et les gaz du groupe V. Le cabinet A n'a qu'un seul tuyau collecteur pour la mise en commun des six gaz sources du groupe III.

Cabinet A		Cabinet B			
Groupe III		Groupe V		Dopants	
Ga	TEGa	As	Arsine	Si	SiBr$_4$
Ga	TIPGa	P	Phosphine	C	CBr$_4$
In	TMIn	-	-	Te	DIPTe
Al	DMEEAAl				
-	-				
-	-				

TAB. 3.1 – *Disposition des sources dans les cabinets de gaz du réacteur CBE. L'atome à incorporer est mentionné, ainsi que le symbole utilisé pour désigner la molécule source. Les entrées actuellement inutilisées sont désignées par un tiret.*

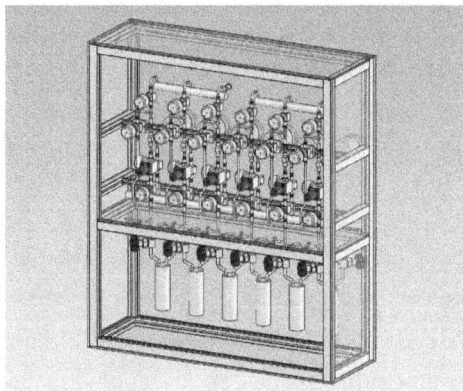

FIG. 3.4 – *Modèle du cabinet de gaz à 6 lignes de contrôle. Au sommet du système, l'acheminement est séparé en deux groupes de trois gaz. (Éric Breton)*

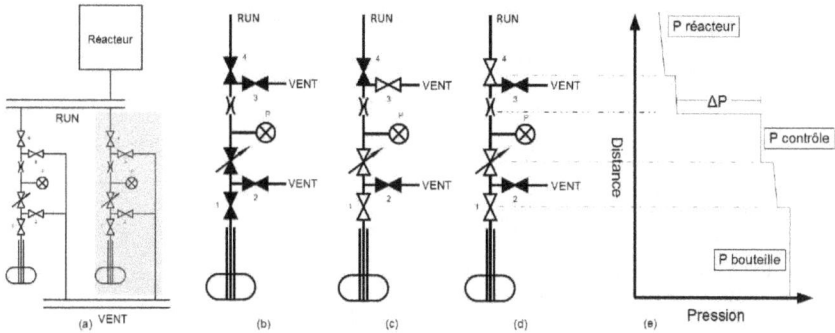

FIG. 3.5 – *Fonctionnement de base d'une cellule de contrôle de gaz. (a) Une cellule est mise en évidence. Elle est entourée d'un collecteur allant au réacteur (RUN) et un collecteur allant à une pompe (VENT). (b) La cellule est hors fonction, toutes les valves sont fermées. (c) Un débit est en préparation, il est stabilisé dans la cellule et envoyé dans la pompe. (d) Le débit stabilisé en (c) est dirigé vers le réacteur. (e) Comportement de la pression dans la cellule avec un débit vers le réacteur.*

Le fonctionnement d'une cellule de contrôle de gaz est montré dans la Figure 3.5. Le gaz peut être envoyé soit vers le réacteur (RUN) ou vers une pompe (VENT) qui simule l'effet de la chambre de réaction. Afin d'obtenir un débit très stable dès le début de l'envoi au réacteur, le débit est préalablement stabilisé en l'envoyant vers la pompe.

Le débit lui-même est stabilisé grâce à la boucle de rétroaction entre la valve de contrôle, et le manomètre à capacité. La valve de contrôle voit son ouverture contrôlée par un courant électrique : une bobine à l'intérieur de la valve déplace un plongeur magnétisé. De son côté, le manomètre à capacité mesure la pression dans la ligne à l'aide d'une membrane se déformant sous l'effet de la pression, ce qui fait varier la capacité entre ladite membrane et une borne polarisée. La capacité est donc le paramètre de transduction du manomètre.

Il est à noter que l'on mesure une *pression* pour contrôler un *débit* de gaz. Ceci est réalisé à l'aide d'une restriction placée en aval du manomètre. La restriction est un trou très fin (0,2 mm) placé dans le trajet du gaz. Or, il est possible de calculer le débit à travers l'orifice (Annexe B). Il peut ainsi être évalué qu'avec une pression de 5 torr dans la cellule de contrôle, le débit est d'environ 2,6 sccm, moyennant quelques approximations. Ce débit peut sembler petit, mais il est suffisant pour produire le dépôt de quelques monocouches atomiques de matériau à chaque seconde pendant le procédé, ce qui est la vitesse recherchée pour un contrôle et une qualité optimaux.

Le contrôle de débit par pression permet une large plage de contrôle d'environ trois ordres de grandeur grâce à la précision de mesure du manomètre à capacité [30].

Enfin, de la même manière qu'un orifice génère une chute de pression le long de l'écoulement, les tuyaux et les valves offrent une certaine résistance au débit, provoquant une chute de pression. C'est ce qui est montré en (e) dans la Figure 3.5. En effet, plus le tuyau est petit, moins sa conductance est élevée. Il génère une plus grande chute de pression, donc un plus faible débit. La conductance joue un important rôle sur le contrôle du procédé épitaxial.

3.2 Asservissement du réacteur épitaxial

Au début de ce projet, le réacteur épitaxial n'était qu'une multitude d'éléments qui n'étaient pas interconnectés, certains permettant un contrôle manuel pour des tests élémentaires.

Étant donnée la rareté des logiciels de contrôle pour CBE et leur prix, il a été décidé de créer un programme propre au LÉA. Ce programme est fait en langage LabVIEW^{TM}, de National Instruments, présenté dans la Section 2.6.1. De plus, il est basé sur les modules de contrôle PXI, aussi de National Instruments.

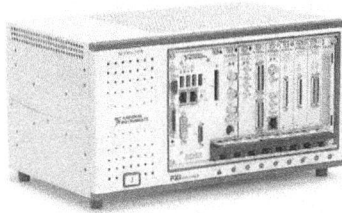

FIG. 3.6 – *Un exemple d'ordinateur compact PXI de National Instruments^{TM} dans un chassis avec plusieurs cartes d'acquisition.*

3.2.1 Matériel de contrôle

C'est un PXI-8106 qui a été utilisé comme ordinateur de contrôle, et dont l'achat remonte à 2006. Cet ordinateur compact a un processeur double coeur T7400 Core 2 Duo 2,16 GHz d'Intel, qui est le centre des calculs effectués pour le contrôle de procédé. Cet ordinateur est intégré dans un châssis PXI-1010, qui permet une connexion directe entre l'ordinateur et diverses cartes d'acquisition et de contrôle. La Figure 3.6 montre un exemple de système PXI.

Avec les diverses cartes installées dans le système PXI, une grande quantité d'entrées et sorties sont disponibles. Entre autres sont disponibles 32 mesures thermocouples, 96 contrôles de relais, 168 entrées/sorties digitales, 32 entrées analogiques (tension), 32 sorties analogiques (tension) et 32 sorties analogiques (courant).

Bien que le détail des connexions des différentes entrées et sorties ne sera pas abordé, la structure du programme les utilisant sera décrite dans la section ci-dessous.

3.2.2 Structure

Étant donnée la taille du système à contrôler, plus d'un ordinateur est requis. La structure réseau entourant le réacteur épitaxial est montrée à la Figure 3.7, et décrite dans cette section.

Réseau ○○○

PC
Thermique
avancé

PC
usager

Commutateur
réseau

Réacteur
épitaxial

PXI
(hôte)

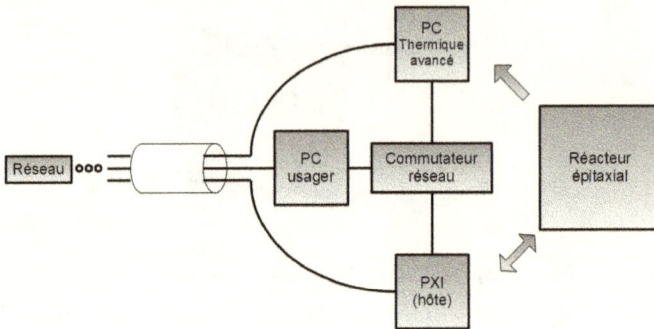

FIG. 3.7 – *Structure de connexion réseau des ordinateurs de contrôle et relations avec le réacteur épitaxial*

Il a tout d'abord été décidé que le PXI devait être autonome et se charger de toutes les tâches relevant de la sécurité du personnel du LÉA et de l'Université de Sherbrooke. Les tâches principales du contrôle du réacteur y sont donc exécutées. Cependant, la charge demandée au PXI pour effectuer toutes ces tâches essentielles est élevée. De plus, la stabilité du système est critique puisqu'il contrôle l'injection de gaz potentiellement dangereux pour la santé sous le seuil de 1 ppm, l'arsine et la phosphine (Annexes D et E respectivement). Ainsi, l'usager standard ne doit avoir aucune interaction directe avec le PXI. Aussi, toute opération ayant une influence sur le réacteur doit passer par le PXI. Un ordinateur de bureau, sans caractéristiques spéciales requises et nommé PC usager, est utilisé comme interface (Figure 3.8).

De la même manière, un troisième ordinateur, le *PC Thermique Avancé*, s'occupe des mesures de température autres que le thermocouple. Ce travail fait partie du projet de maîtrise de Bernard Paquette. Ce projet inclut l'intégration de multiples mesures thermiques permettant une cartographie thermique complète d'une gaufre en croissance et ce, en temps réel. La demande projetée de ce projet au niveau d'un processeur justifie l'utilisation d'un troisième ordinateur. De plus, il est justifié de ne pas donner cette

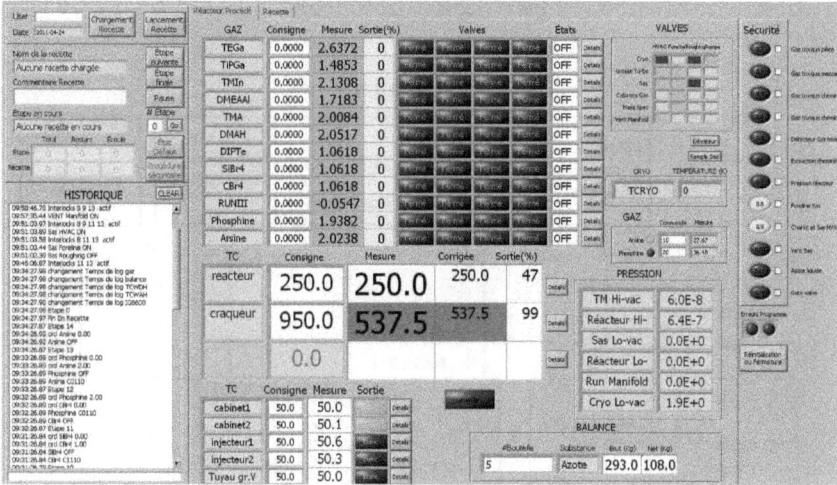

FIG. 3.8 – *Interface usager du contrôleur LabVIEW*

tâche au PXI puisqu'elle n'est pas directement liée à la sécurité du personnel, mais plutôt à la stabilité de la croissance épitaxiale, une priorité moindre du point de vue de la sécurité.

La répartition des diverses tâches demandées au système de contrôle du réacteur épitaxial sont détaillées à la Figure 3.9.

Avec au-delà de 150 VIs et sous-VIs, le programme en est à sa 18e révision au moment de l'écriture du présent document. Le choix d'un programme maison procure donc au LÉA l'avantage d'améliorer continuellement le programme au cours de l'évolution du système.

3.2.3 Résultats

En fonctionnement, le programme de contrôle du réacteur CBE exploite à environ 75% le processeur de l'ordinateur compact PXI. Cette charge élevée justifie le choix de répartir les tâches non essentielles sur des ordinateurs supplémentaires. Ainsi, les communications réseau entre les différents ordinateurs du système de contrôle utilisent au maximum 1% d'une connexion

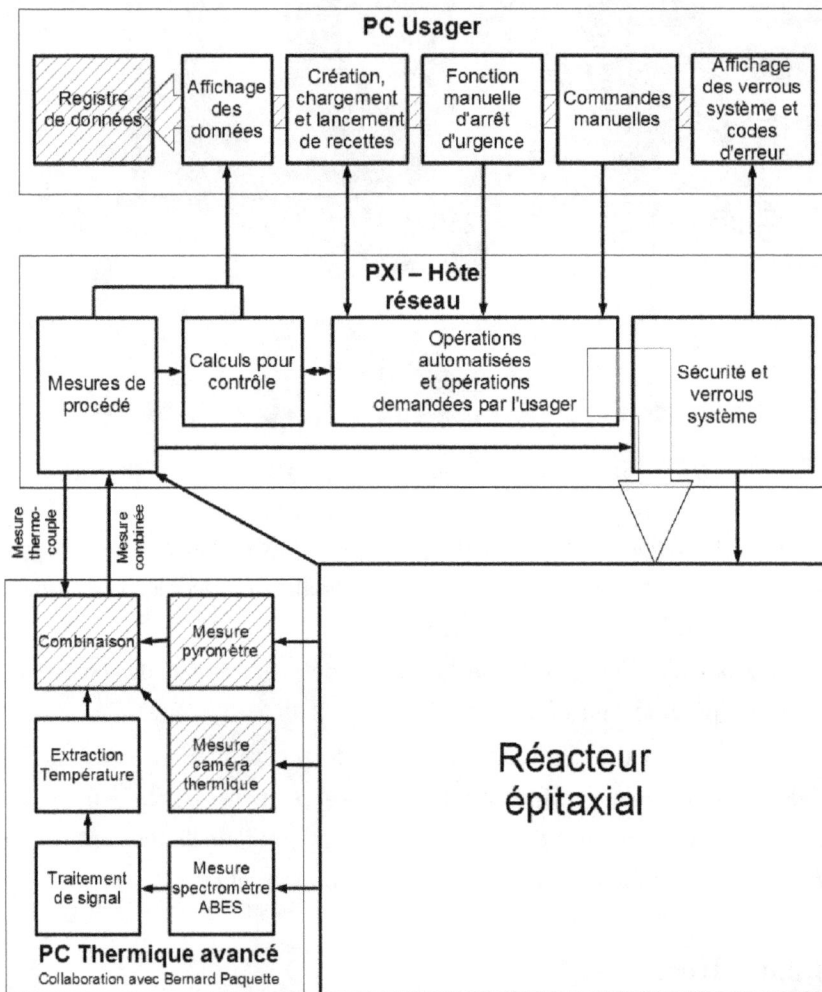

FIG. 3.9 – *Structure détaillée du programme de contrôle du réacteur épitaxial CBE au LÉA. Les cases hachurées ont été programmées par Bernard Paquette.*

réseau Gigabit.

Avec un programme fonctionnel, il est possible d'effectuer des tests de contrôle sur les différents systèmes. Les facteurs PID sont donc ajustés individuellement pour optimiser le contrôle de température de l'échantillon, ainsi que le contrôle de chaque ligne de gaz.

Mesure de température

La mesure ABES présentée dans la Section 2.3.1 permet d'obtenir une mesure de température absolue au centre de l'échantillon. Ceci constitue une importante amélioration par rapport à l'utilisation seule du thermo-couple.

Avec la méthode décrite dans la Section 3.1.1, la température est obtenue et mise à jour fréquemment, ce qui permet lors des croissances d'asservir le four du réacteur CBE à la mesure ABES au lieu de la mesure thermocouple.

La Figure 3.10 montre la variation de température obtenue pour une croissance de GaAs sur substrat de même nature. Pour toute la durée de la zone montrée, qui dure plus de 90 minutes, le contrôle de température s'effectue à ±0,5 °C. L'inséré de la Figure 3.10 montre que cette zone est précédée d'une transition de 620 à 565 °C, et suivie du refroidissement de l'échantillon en fin de croissance.

Le graphique principal montre un pic de 0,4 °C autour de 1000 secondes, qui suit immédiatement le début de la croissance épitaxiale. Ce pic est possiblement causé par le bilan thermique des réactions chimiques à la surface lors de la croissance. Il est toutefois aussi possible que le pic soit l'artéfact d'un changement de rugosité de la surface de l'échantillon lors du début de la croissance. Cette question n'a pas été résolue. Malgré la présence de ce pic, le contrôle de température obtenu à ±0,5 °C peut être favorablement comparé au contrôle de température en MBE. En effet en MBE, l'exposition de l'échantillon aux creusets de source solide chauffés à

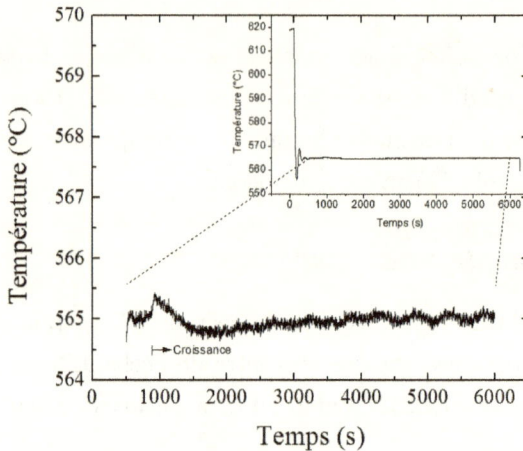

FIG. 3.10 – *Stabilisation de température d'une croissance GaAs/GaAs après un passage de 620 à 565 °C.*

une température élevée génère une variation de la température du substrat en début de croissance d'environ 4 °C [31] avant d'être stabilisée. Cette variation est un ordre de grandeur plus élevée que celle obtenue en CBE, où seule la chimie en surface perturbe la température de l'échantillon.

Contrôle des débits de gaz

La technique de contrôle de débit de gaz à partir d'une pression, présentée dans la Section 3.1.2, permet un contrôle serré de la quantité de réactifs envoyés à la surface de croissance.

Le contrôle de débit est un système ayant un temps de réaction court, ce qui permet à la fois des variations rapides du niveau de contrôle et une bonne stabilité de l'ordre de ±0,002 Torr. La Figure 3.11 montre le comportement d'une cellule de gaz optimisée lors (a) d'une montée et (b) d'une descente d'un ordre de grandeur du point de contrôle.

La montée est effectuée simplement en augmentant la consigne, ce qui cause une ouverture de la valve de contrôle et une augmentation de la

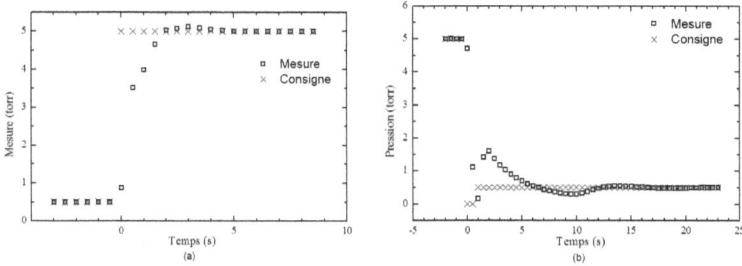

FIG. 3.11 – *Montée et descente de pression sur un ordre de grandeur dans une cellule de gaz optimisée. (a) La montée s'effectue en 2 secondes, (b) la descente en 4 secondes.*

pression dans la cellule à l'intérieur de 2 secondes. La descente demande un ajustement plus complexe.

En effet, abaisser la consigne ferme la valve de contrôle, mais le gaz déjà présent dans la cellule s'évacue lentement. Une consigne nulle est donc momentanément demandée, tout en ouvrant la valve 2 (voir Figure 3.5 en page 53), ce qui évacue rapidement le volume de contrôle. Une seconde plus tard, la consigne finale est demandée et le système s'y stabilise après un total de 4 secondes.

En considérant un taux de croissance de 1 μm/h, il est possible de déterminer que la montée en 2 secondes correspond à une épaisseur crue de 5,6 Å, et 4 secondes à 11,2 Å. Le temps de transition des débits aura donc une influence sur une très faible épaisseur de matériau, de deux à quatre monocouches de GaAs. En effet, la maille du GaAs est de 5,65325 Å [32], et une monocouche est une demi-maille. Dans les cas où un contrôle plus serré serait necessaire, il est possible d'interrompre la croissance pendant le changement de flux et d'obtenir un contrôle sur une monocouche.

Il est possible de comparer les résultats obtenus à un système de contrôle MBE [31]. Le contrôle de débits en MBE est basé sur la température de chauffage d'un creuset contenant la source solide qui est sublimée et dirigée vers l'échantillon. Or, avec un système de contrôle ayant deux boucles PID enchevêtrées, un temps d'ajustement d'environ 120 secondes est obtenu. Il est évident qu'à ce niveau, le contrôle de débit par pression de sources chimiques en CBE est de loin supérieur.

3.3 Améliorations apportées au réacteur épitaxial

3.3.1 Système de pompage

Suite à la mise en marche du réacteur épitaxial CBE, plusieurs dizaines de recettes de croissance ont été réalisées. Toutefois, une augmentation sur plus d'un ordre de grandeur de la pression d'opération a été observée sur une période d'environ 10 mois et ce, pour les mêmes conditions d'opération (voir Annexe F). L'hypothèse a donc été émise que la pompe principale, une pompe cryogénique CT8 Cryo-Torr de CTI Cryogenics, voyait sa vitesse de pompage se dégrader.

Régénération de la pompe cryogénique

Une procédure pouvant influencer la vitesse de pompage d'une pompe cryogénique est sa régénération. Or, la technique de régénération a une influence sur le taux de récupération de la vitesse de pompage [33]. La technique de régénération utilisée au LÉA correspond au scénario 5 de Longsworth, qui ramène en principe la pompe à 82% de sa vitesse de pompage nominale.

Bien que cette technique de régénération ne soit pas optimale, elle est pratiquée de façon hebdomadaire et maintient en principe la pompe à environ 82% de sa vitesse de pompage. Cependant, une perte unique de 18% de la vitesse de pompage ne peut justifier une augmentation de la pression d'opération de plus d'un ordre de grandeur sur une longue période. De plus, une procédure équivalente à la méthode 1 de l'article de Longsworth [33] a été testée sans obtenir d'amélioration notable, alors que cette méthode devrait récupérer 100% de la vitesse de pompage nominale. La méthode de régénération de la pompe cryogénique ne peut donc être désignée comme cause dominante du problème rencontré.

Nature des gaz pompés

L'article de Longsworth cité ci-dessus est basé sur la saturation de la pompe à l'aide d'eau et d'argon. Ces gaz peuvent être désorbés du charbon activé suivant certaines méthodes de régénération présentées dans l'article. Toutefois, au LÉA, les gaz principalement utilisés sont TEGa, TMIn, AsH_3 et PH_3.

Ce genre de dégradation de la vitesse de pompage dans les systèmes CBE a été observé auparavant [34]. La source du problème a été identifée comme étant la présence de résidus de molécules organométalliques, utilisées dans le procédé CBE, qui se loge dans les pores du charbon activé, diminuant du même coup sa surface spécifique et sa capacité de pompage. Or, les croissances de GaAs et GaInP nécessitent l'utilisation de ces gaz. Ainsi, des démarches ont été entreprises pour effectuer le changement du charbon activé.

Afin de quantifier le changement obtenu avec l'opération de maintenance, une mesure de la vitesse de pompage de la pompe cryogénique a été effectuée avant et après le changement du charbon activé.

Test de vitesse de pompage

Un test rigoureux de vitesse de pompage doit être pratiqué en fermant l'entrée de la pompe avec un dôme dans lequel peuvent être injectés les gaz test de façon contrôlée par un orifice [24]. Toutefois, ce matériel n'est pas disponible au LÉA. De plus, par sa nature même, le réacteur épitaxial CBE est déjà équipé pour effectuer l'injection de gaz vers la pompe. Par souci de simplicité, il a donc été choisi d'effectuer les tests de vitesse de pompage directement dans le réacteur.

Ce choix limite la portée des mesures obtenues. Effectivement, le volume entre l'injecteur et la pompe est beaucoup plus élevé que dans un montage de test rigoureux. Aussi, les surfaces sont recouvertes de résidus de croissance qui peuvent absorber une fraction des gaz émis, et en émettre d'une nature différente. En considérant ces limitations, les vitesses de pompage obtenues ne sont pas des valeurs absolues, mais peuvent être comparées entre elles pour observer un changement de comportement.

Un régulateur de débit massique MKS mesurant jusqu'à 20 sccm, calibré à l'azote, a été utilisé pour mesurer le débit de gaz injecté au réacteur. Le régulateur a été mis en marche 24 heures à l'avance afin de s'assurer qu'il soit stabilisé à sa température de fonctionnement, ce qui réduit les possibilités d'observer une dérive des mesures obtenues. Pour chaque niveau de débit injecté, un temps de stabilisation de 3 à 8 minutes a été respecté afin de laisser un équilibre s'établir dans le large volume du réacteur. Avant et après le changement du charbon activé, deux tests ont été effectués, un à l'azote, l'autre à l'hydrogène.

Les spécifications nominales de vitesse de pompage de la CT8 sont données dans la documentation de CTI Cryogenics pour l'azote et l'hydrogène, à 1500 et 2500 l/s respectivement. Les mesures expérimentales de vitesse de pompage sont montrées dans le Tableau 3.2 avant et après la maintenance de la pompe, pour l'azote et l'hydrogène.

Ainsi, le nettoyage de la pompe cryogénique CT8 et le remplacement de son charbon activé ont significativement amélioré sa vitesse de pompage. Doublée pour l'azote, elle se voit multipliée par 12,4 pour l'hydrogène. Tel que décrit dans la Section 2.5.3, la seule section de la pompe cryogénique participant au pompage de l'hydrogène est le charbon activé. Seul son remplacement peut avoir causé une augmentation aussi drastique de la vitesse de pompage de l'hydrogène.

	Avant	Après	Facteur d'amélioration
$S_{\text{mesuré } N_2}$ (l/s)	526	1069	2,0
$S_{\text{mesuré } H_2}$ (l/s)	119	1558	**12,4**

TAB. 3.2 – *Tableau montrant la vitesse de pompage de la pompe cryogénique telle que mesurée avant et après un nettoyage et le changement du charbon activé. Ceci met en évidence une amélioration de plus d'un ordre de grandeur de la vitesse de pompage en hydrogène.*

Il est donc clair que la propriété de pompage du charbon activé s'est dégradée au cours des 10 mois précédant le changement. Toutefois, la régénération n'était pas en mesure de rétablir cette dégradation. De plus, l'amélioration de la vitesse de pompage de plus d'un ordre de grandeur correspond à la variation de pression en opération observée. Bien qu'il soit possible que le charbon activé ait tout simplement vieilli pendant les 10 mois d'opération, l'hypothèse que le charbon activé se voit gommé par le TEGa, TMIn et PH$_3$ est renforcée.

Reconfiguration du système de pompage

Suite à cette expérience, la pompe cryogénique a été remplacée par une pompe turbo-moléculaire *TMU 1600 C* de Pfieffer pour l'opération constante. La pompe cryogénique a été installée sur un autre port pour soutenir le pompage de l'hydrogène. Ce port n'a pas de vue directe sur le porte-échantillon, donc les molécules lourdes sont pompées par le panneau de refroidissement à l'azote liquide, et la pompe cryogénique ne pompe que de l'hydrogène. Enfin, la pompe cryogénique n'est exposée à la chambre que lors des croissances épitaxiales. Aucun problème n'a été signalé plus d'un an suivant la modification.

L'absence de dégradation notable du pompage suivant cette modification élimine l'hypothèse que la dégradation observée plus tôt soit tout simplement un vieillissement du charbon activé. La nouvelle configuration protège donc la pompe cryogénique du gommage des molécules lourdes TEGa, TMIn et PH$_3$ [34]. Ainsi, la durabilité de la pompe cryogénique a été augmentée, ainsi que la stabilité du système CBE.

3.3.2 Système de distribution et injection de gaz

Les premières croissances effectuées avaient pour but d'obtenir du GaAs de bonne qualité, présenté dans la Section 3.4.1. Le GaAs, un matériau binaire, voit le TEGa et l'AsH$_3$ envoyés sur l'échantillon par deux injecteurs distincts.

Toutefois, la croissance de GaInP demande l'injection de TEGa et TMIn par le même injecteur. Des difficultés ont été rencontrées lors de l'accord de maille du Ga$_{0,51}$In$_{0,49}$P sur GaAs, principalement une sensibilité excessive du balancement entre le débit des sources de groupe III (Ga et In), puisque ceux-ci passent par le même injecteur. Ayant obtenu du GaAs convenable sur substrat de GaAs antérieurement à ces problèmes, le contrôle du TEGa n'a pas été mis en cause. Une croissance d'InP sur substrat d'InP a donc été tentée afin de vérifier le contrôle du TMIn. La Figure 3.12 montre une mesure HRXRD effectuée sur cet échantillon.

En injectant uniquement le TMIn, la couche obtenue n'est composée que de 10% d'indium sur les sites de groupe III. Le reste des sites de groupe III sont occupés par du gallium. Ceci met en relief un problème de rétention du gallium par le système d'injection, un effet mémoire, schématisé dans la Figure 3.13. Quelques facteurs contribuant à cet effet mémoire ont été identifiés.

Problème d'effet mémoire

Tout d'abord, le tuyau de 1/2" reliant le collecteur RUN au réacteur n'étant pas chauffé, sa température se situe autour de 27 à 28 °C, alors que les bouteilles sources voient leur température se stabiliser près de 30 °C.

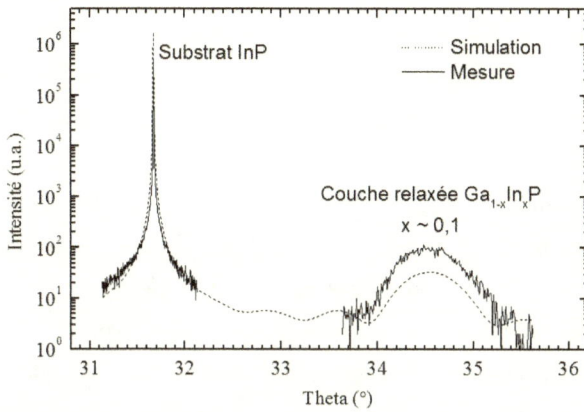

FIG. 3.12 – *Mesure HRXRD d'un échantillon de GaInP riche en gallium, sur substrat d'InP. L'essai de croissance avait pour but une couche InP sur InP.*

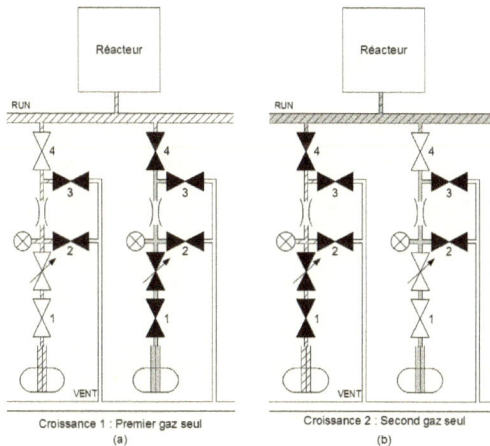

FIG. 3.13 – *Schématisation du problème d'effet mémoire dans le collecteur RUN. (a) Croissance d'un échantillon avec le gaz 1 (hachures). (b) Croissance avec le gaz 2 (gris), qui entraîne aussi des molécules du gaz 1 restées trappées dans le collecteur après la première croissance.*

67

Ceci est en contradiction avec le principe présenté dans la Section 2.5.2, disant que la tuyauterie devait être plus chaude que la bouteille et ce, en tout point. Ceci favorise la condensation de la source dans les sections froides, qui deviennent des sources secondaires même lorsque l'injection du gaz est arrêtée.

Ensuite, ce même tuyau comprend une valve manuelle permettant d'isoler les cellules par rapport au réacteur. Cette valve, fermée sauf lors des croissances, piège les gaz adsorbés aux tuyaux. Ces gaz piégés sont donc émis progressivement lors de la réouverture de la valve.

Enfin, le collecteur RUN a un diamètre de 1", et se voit connecté au réacteur par ce tuyau de 1/2", menant à un injecteur de seulement 2 mm de diamètre. Ceci est en conflit avec un autre principe présenté dans la Section 2.5.2, comme quoi la conductance devait être aussi élevée que possible entre les cellules de contrôle et le réacteur. Ainsi, avec une conductance élevée, moins de temps est requis pour vider le volume.

Problème d'interdépendance

Au travers de l'analyse du problème d'effet mémoire s'est révélé un problème d'interdépendance des lignes de contrôles des gaz du groupe III, qui partagent le même injecteur. En effectuant une croissance avec des pressions de contrôle de 1,5 et 0,1 torr respectivement pour le TMIn et TEGa, la valve de contrôle du TEGa s'est fermée, évènement illustré dans la Figure 3.14.

Il s'avère que ce problème d'interdépendance entre les pressions de contrôle des cellules a deux causes simples. La première est que la conductance séparant les deux volumes de contrôle est élevée, rendant possible l'envoi de gaz d'une cellule à l'autre. La seconde cause est que la conductance entre un volume de contrôle et le réacteur est trop faible. Ceci crée un effet de réservoir dans le collecteur, tuyau de 1" de diamètre alimenté par des tuyaux de 1/4" et vidé par un tuyau de 1/2".

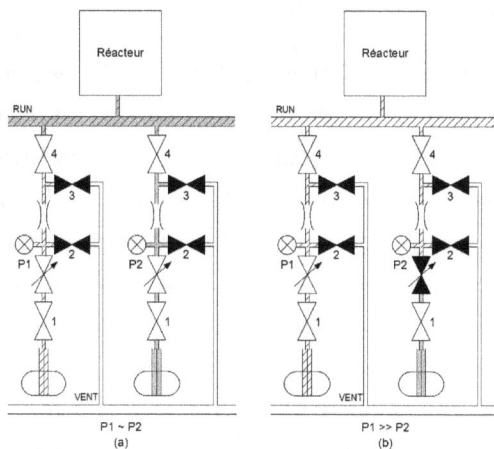

FIG. 3.14 – *Schématisation du problème de croissance de ternaires à faible mélange. (a) Fonctionnement sans interdépendance. (b) Une pression trop élevée du gaz 1 empêche le contrôle du gaz 2. Le gaz 1 vient remplir la cellule du gaz 2, faisant augmenter la pression mesurée, ce qui ferme la valve de contrôle.*

69

Réduire la conductance entre les cellules demande de réduire la conductance vers le réacteur, ce qui va à l'encontre de l'injection efficace des gaz source. Cette avenue n'est donc pas considérée.

L'augmentation de la conductance entre les cellules et le réacteur est facilement envisageable pour limiter l'effet réservoir, particulièrement puisque le problème d'effet mémoire va dans la même direction.

Solution aux problèmes d'acheminement de gaz

Les deux problèmes mentionnés, l'effet mémoire et l'interdépendance, demandent une augmentation de la conductance entre le collecteur RUN et le réacteur. Le remplacement du tuyau de 1/2" par un tuyau plus gros est nécessaire, tout comme le remplacement de l'injecteur de 2 mm, qui génère une forte réduction de la conductance. En plus de faciliter l'évacuation du collecteur afin de réduire l'effet mémoire, l'augmentation de la conductance a pour conséquence de donner plus de latitude lors du contrôle de plus d'un gaz, tel que montré dans la Figure 3.15.

Ainsi, le tuyau de 1/2" a été remplacé par 1" de diamètre. Ce tuyau est chauffé à l'aide de ruban chauffant, et ne comporte pas de valve, y limitant la condensation des gaz. De plus, un injecteur a dû être fabriqué afin de s'arrimer au tuyau de 1" de diamètre. L'injecteur de 2 mm de diamètre a donc été remplacé par un autre mesurant 11/16" à son point le plus étroit, illustré à la Figure 3.16.

Le nouvel injecteur permet une efficacité d'utilisation des sources organométalliques d'environ 4,8%, tel que montré par un test d'efficacité de croissance du GaAs en Annexe C.

Avec ces modifications au réacteur CBE, la croissance de matériaux ternaires a été facilité et l'effet mémoire a été réduit dans la tuyauterie d'injection. Ceci permet donc une plus grande flexibilité au réacteur dans la variété des matériaux qui pourront y être fabriqués.

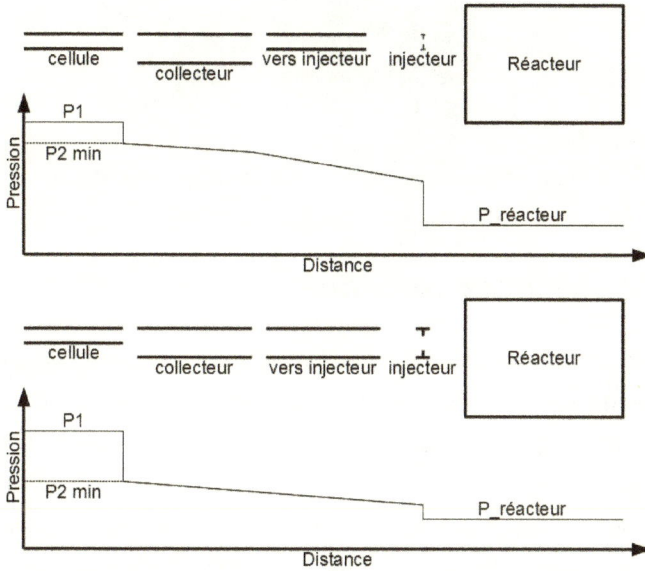

FIG. 3.15 – *Impact d'une augmentation de conductance sur le contrôle de débit. En haut, le gaz 2 ne peut être contrôlé si sa pression est beaucoup plus faible que celle du gaz 1. En bas, après augmentation de la conductance, une amélioration de la plage de contrôle est observée pour le second gaz.*

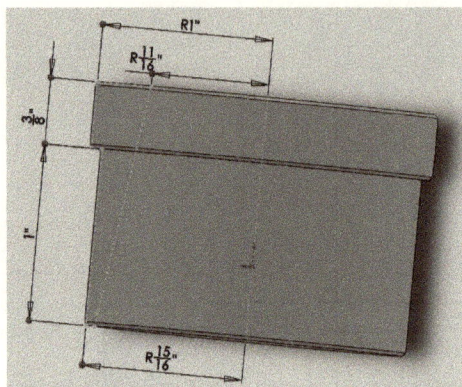

FIG. 3.16 – *Modèle de l'injecteur haute conductance installé sur le réacteur CBE. Dessin de Simon Bélanger.*

3.4 Matériaux obtenus

Le point culminant du travail accompli sur le réacteur CBE du LÉA est la croissance de matériaux semi-conducteurs. Les résultats présentés ici servent de point de départ au LÉA au niveau des matériaux binaires et ternaires sur substrat de GaAs.

Dans tous les cas présentés dans cette section, les croissances ont lieu sur substrat de GaAs semi-isolant fourni par AXT. La surface de croissance est le plan (100) nominal. De petits morceaux de 1 cm^2 en sont clivés pour effectuer les croissances. Le matériau est utilisé tel quel, sans traitement de surface avant son insertion dans le réacteur, et doit être utilisé dans les 14 jours suivant l'ouverture de l'emballage. Pendant ces 14 jours, la gaufre est conservée sous vide dans le réacteur environ 99% du temps.

Cette section se limite aux croissances de GaAs et GaInP et les propriétés qui leur ont été mesurées.

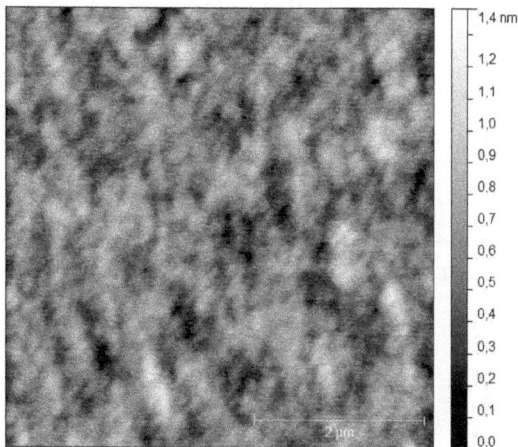

FIG. 3.17 – *Mesure AFM d'une croissance de GaAs crue au LÉA. Rugosité RMS de 0,17 nm (Jihene Zribi, A0374)*

3.4.1 GaAs

La croissance de GaAs par CBE au LÉA a donné lieu à des échantillons de faible rugosité, tel que montré dans la Figure 3.17 pour une croissance de 1,2 μm. En effet, une rugosité RMS de 0,17 nm peut être qualifiée de très régulière et propice à la croissance d'une autre couche épitaxiale [35].

La rugosité du GaAs obtenu par épitaxie a une grande importance vis-à-vis des diverses opérations que l'échantillon subira par la suite. Par exemple, une rugosité de 0,2 à 0,24 nm ou moins permet d'obtenir une meilleure lithographie e-beam [36].

Plusieurs tests de dopage ont aussi été effectués sur le GaAs au LÉA. Ils sont représentés sur la Figure 3.18 où chaque point correspond à une croissance. Le dopage de type n a été obtenu par deux précurseurs, le tetrabromure de silicium (SiBr$_4$) et diisopropyl-tellure (DIPTe).

Le dopage n au silicium (gr.IV) et tellure (gr.VI) sont différents puisque le Si se place sur les sites de groupe III et le Te sur les sites de groupe V. En

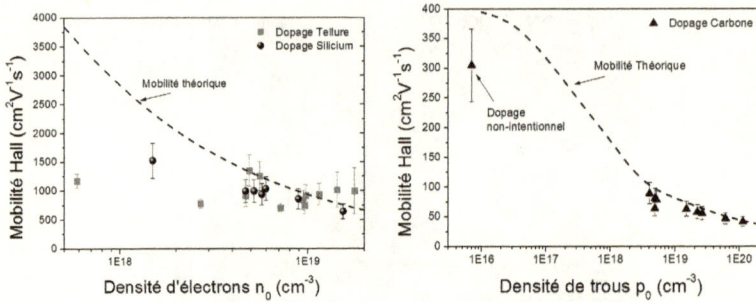

FIG. 3.18 – *Mobilité en fonction du niveau de dopage tel que mesuré par effet Hall. À gauche, le dopage type n au silicium et tellure. À droite, le dopage type p au carbone. (Mobilités théoriques [39, 40])*

effet, à haut niveau d'incorporation, le silicium devient amphotère, c'est-à-dire qu'il se place aussi sur le sites de groupe V, et son dopage perd de son efficacité [37], le dopage devient limité et la mobilité des porteurs réduite. Cet effet n'est pas possible pour le tellure puisque sa valence n'est pas propice au positionnement sur le site de groupe III. Il a été observé que le tellure permet un plus haut dopage maximal (environ $2 \cdot 10^{19}$cm^{-3}) que le silicium (environ $6 \cdot 10^{18}$cm^{-3}) [11, 38]. La tendance expliquée ci-dessus est observée à fort dopage dans la Figure 3.18, où la mobilité des porteurs dans les échantillons dopés au tellure ne décroît pas significativement.

Le dopage de type p a été obtenu à l'aide du précurseur tetrabromure de carbone (CBr$_4$). Le carbone a tendance à s'incorporer très facilement dans le GaAs, ce qui explique l'absence de données à dopage intentionnel moyen ou faible. Le point de dopage non-intentionnel est aussi du carbone s'incorporant sans la contribution de la source de CBr$_4$. Effectivement, une mesure de spectroscopie de masse d'ions secondaires (*Secondary-Ion Mass Spectroscopy* – SIMS), montrée à la Figure 3.19, met en évidence la présence du carbone dans la couche de GaAs crue à une densité d'environ $3 \cdot 10^{17}$cm^{-3}, un signal plus élevé que le niveau de bruit dans le substrat. Ce carbone provient alors de la décomposition des sources organo-métalliques,

74

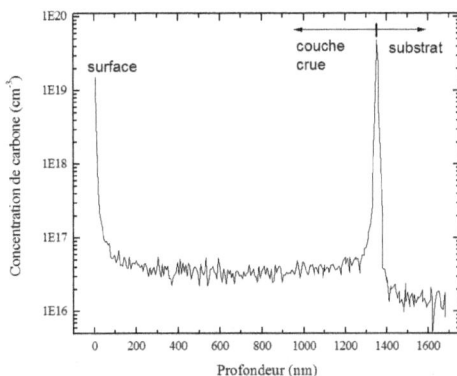

FIG. 3.19 – *Mesure SIMS quantitative du carbone, pour un échantillon de GaAs (A0012) de 1,2 µm d'épaisseur. La mesure montre une incorporation non intentionelle du carbone dans la couche crue de $3 \cdot 10^{16}$ cm^{-3} (SIMS par CNRC, Jean-Marc Baribeau et Simona Moisa).*

du dégazage de graphite ou encore d'acier chauffés dans la chambre de réaction.

Une mesure de photoluminescence a été effectuée sur un échantillon de GaAs épais (entre 2 et 3 μm), dont le résultat est donné à la Figure 3.20. Le pic observé le plus intense est la transition entre un donneur et le carbone, ce qui met en évidence à la fois un dopage non intentionnel au carbone, mais aussi une compensation donneur, possiblement au silicium étant donné l'historique de dopage au silicium dans le réacteur. Les pics (b) et (c) montrent des transitions impliquant des défauts cristallins. Enfin, le pic (d) est non identifié.

Enfin, étant donné le dopage non intentionnel de type p des échantillons de GaAs, cette mesure de photoluminescence obtenue constitue un bon point de comparaison pour des mesures futures sur échantillon dopé. En effet, la photoluminescence d'un échantillon de type p faiblement dopé est généralement plus intense, mais montre les mêmes structures que celle

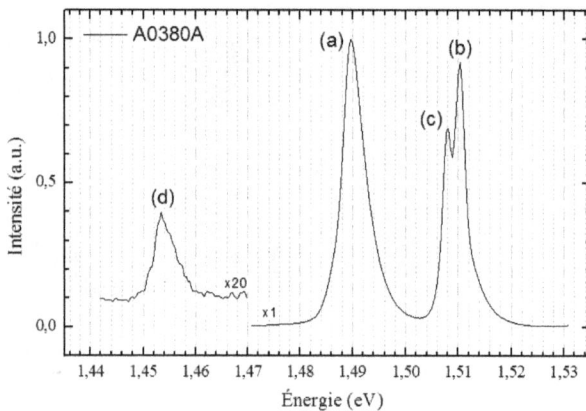

FIG. 3.20 – *Mesure de photoluminescence d'une croissance de GaAs (A0380) à 20K. (a) Transition donneur à accepteur carbone, (b) transition exciton à défaut neutre sur site de gallium, (c) transition exciton à défaut ponctuel neutre, (d) transition non identifiée.*

obtenue pour un échantillon intrinsèque [41].

3.4.2 GaInP

La solution mise en place pour régler le problème d'interdépendance des sources de groupe III a permis la croissance de GaInP en accord de maille sur le substrat de GaAs, tel que montré par la Figure 3.21. La simulation Leptos a permis de déterminer que la stoechiométrie favorisait le gallium à 50,9%, ce qui correspond à l'alliage recherché de 51% [21].

De plus, le GaInP obtenu peut avoir une rugosité aussi faible que 0,96 nm, tel que le montre la mesure AFM à la Figure 3.22. Ce niveau de rugosité est acceptable comme point de départ pour la croissance de matériaux ternaires au LÉA, considérant que des rugosités de l'ordre de 0,4 à 1 nm sont rapportées dans la littérature [42].

Ces résultats constituent un point de départ dans la croissance de

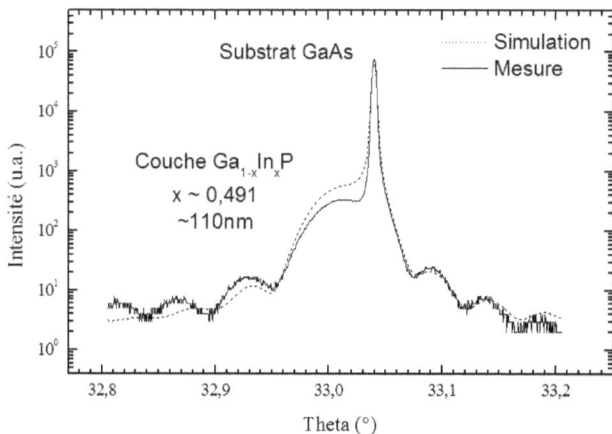

FIG. 3.21 – *Mesure XRD d'un échantillon de GaInP en accord de maille avec le substrat de GaAs (A0298).*

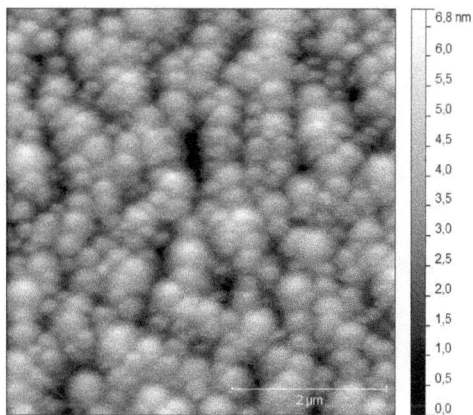

FIG. 3.22 – *Image AFM d'un échantillon de GaInP sur GaAs:Si sur substrat GaAs semi-isolant, rugosité RMS de 0,96 nm. (Bernard Paquette, A0478)*

GaInP, un matériau ternaire, pour le LÉA. Ceci a été rendu possible par les modifications effectuées au système de gestion de gaz et d'injection du réacteur CBE (Section 3.3.2).

Chapitre 4

Conclusion

4.1 Sommaire

Lors de ce projet, la mise en marche du réacteur d'épitaxie CBE du Laboratoire d'Épitaxie Avancée a été effectuée. Ce travail comprend l'asservissement du réacteur épitaxial, les tests diagnostic de ses différents systèmes, leur amélioration lorsque nécessaire, ainsi que la réalisation de croissances épitaxiales démontrant la faisabilité de matériaux binaires et ternaires avec le système épitaxial asservi.

Le principal des efforts a été affecté à une compréhension approfondie des systèmes de contrôle de température de l'échantillon et de l'acheminement et évacuation des gaz. Ces systèmes constituent le coeur d'un réacteur épitaxial et ont pu être améliorés dans la durée de ce projet.

4.2 Contributions

Mes travaux de maîtrise ont permis l'asservissement d'un réacteur CBE à l'aide d'un logiciel en langage LabVIEW^{TM} fait sur mesure. En possession du code source, le LÉA a la possibilité d'adapter le programme selon l'évolution de ses besoins, ce qui serait impossible avec un programme commercial.

La mise en marche du réacteur épitaxial a rendu possible l'évaluation et la correction de différentes idées mises en oeuvre avant le début de ce projet. En effet, l'utilisation d'une pompe cryogénique comme pompe principale a été rejetée, alors que la conception originale des cellules de contrôle de gaz du réacteur CBE a été modifiée afin de permettre la croissance de matériaux ternaires et réduire l'effet mémoire.

Le réacteur en fonction permet notamment à 5 étudiants gradués de faire progresser des projets touchant de près la croissance de matériaux III-V dans ce réacteur. De plus, un étudiant a pu terminer un projet de maîtrise exclusivement centré sur la croissance de matériaux dans le CBE du LÉA [43].

4.3 Travaux futurs

La mise en marche du réacteur d'épitaxie par jets chimiques constitue un premier pas important au Laboratoire d'Épitaxie Avancée de l'Université de Sherbrooke. Toutefois, là où obtenir des matériaux binaires et ternaires est important, une analyse approfondie de leurs propriétés a été mise de côté. Par exemple, l'identification du pic de photoluminescence à 1,453 eV du GaAs pourrait fournir de l'information sur un type de défaut présent dans le GaAs cru par CBE.

Aussi, la croissance de GaAs dopé au tellure révèle une faible dépendance de la mobilité des porteurs vis-à-vis de leur densité et ce, même à fort dopage. Des tests à très fort dopage ($> 10^{20}$cm^{-3}) permettraient d'observer si cette tendance reste inchangée.

Finalement, la croissance du matériau ternaire GaInP a été facilitée avec l'augmentation de la conductance du système d'acheminement et d'injection des gaz du groupes III. Il est possible qu'un traitement équivalent soit nécessaire lors de l'utilisation simultanée de deux sources de groupe V, comme dans le matériau quaternaire GaInAsP. La démarche utilisée dans le présent projet pourra servir de point de départ dans cette nouvelle problématique.

Annexe A

Photoluminescence du GaAs

Energy (eV) at 4 K	Assignment
1.5194	energy gap
1.5182	n = 2 state of the free exciton
1.5153	n = 1 state of the free exciton
1.5146 - 1.5147	excited states of (D^0X)
1.5143	exciton bound to neutra dolor (D^0X)
1.5133	exciton bound to ionised donor (D^+X)
1.5128 - 1.5122	exciton bound to neutral acceptor (A^0X)
1.5110	exciton bound to neutrak Ga-site defect
1.5095 - 1.5049	15 sharp lines (d,X) due to excitons bound to neutral point defect
1.4939 - 1.4937	two-hole transition of (A^0X)
1.4935	conduction band to neutral C acceptor
1.4915	conduction band to neutral Be acceptor
1.4911	conduction band to neutral Mg acceptor
1.4900	donor to C acceptor
1.4894	conduction band to neutral Zn acceptor
1.4850	conduction band to neutral Si acceptor
1.4814	donor to Si acceptor
1.4790	conduction band to neutral Ge acceptor
1.4746	donor to Ge acceptor
1.474	donor to acceptor band involving an unknown defect complex
1.44	emission due to a neutral charge state of a gallium antisite Ga_{As}
1.4065	conduction band to neutral Mn acceptor
1.4046	donor to Mn acceptor
1.37	emission due to an arsenic vacancy V_{As}
1.361	emission due to an arsenic antisite As_{Ga}
1.355	conduction band to Cu acceptor
1.349	conduction band to neutral Sn acceptor
1.32	emission due to a charged state of gallium antisite Ga_{As}
1.22 - 1.18	emission due to a gallium vacancy V_{Ga}
0.68	emission due to the EL2 defect (room temperature measurement)

TAB. A.1 – *Principaux pics de photoluminescence du GaAs, tiré de [44], non traduit afin de bien conserver le sens.*

Annexe B

Calcul de débit à travers un orifice

Ce calcul découle d'informations tirées de [24]. On considère une pression de contrôle de 5 torr dans la cellule, et une pression en aval de l'orifice de 0,01 torr, des chiffres tirés de mesures expérimentales sur le réacteur du LÉA. L'orifice a un diamètre $D = 0,2$ mm et est considéré d'épaisseur nulle. Le gaz considéré est de l'azote (N_2), à température ambiante (300 K).

Le débit est donné par :

$$Q = C\Delta P \left(\frac{\text{Pa} \cdot \text{m}^3}{\text{s}} \right) \tag{B.1}$$

La conductance C dépend du régime de flux considéré. Trois types de flux sont possibles, le flux continu, le flux limité et le flux moléculaire. Le premier désigne une situation où le régime est visqueux des deux côtés de l'orifice. Le second, visqueux en amont, moléculaire en aval. Le troisième, moléculaire des deux côtés de l'orifice.

Le régime est déterminé par le nombre de Knudsen Kn= λ/L, un simple ratio entre le libre parcours moyen des molécules et la taille caractéristique du système. Lorsqu'il est supérieur à 1, le régime est dit moléculaire. Lorsqu'il est sous 0,01, c'est le régime visqueux. Entre les deux, c'est le régime de transition.

Le libre parcours moyen de l'azote sera approché de celui de l'air : λ (mm) $= \frac{6,6}{P}$, où P est la pression en Pascal. Or, la taille caractéristique du système considéré ici est le diamètre interne des tuyaux, soit environ 4 mm. Ainsi, en amont de l'orifice, la pression de contrôle de 5 torr assure le régime visqueux avec un nombre de Knudsen d'environ 0,0025. En aval, la pression de 0,01 torr donne un nombre de Knudsen d'environ 1,24, ce qui est dans le régime de moléculaire.

Il est d'autant plus clair qu'il est possible d'éliminer le flux continu puisque la différence de pression est suffisamment élevée d'un côté à l'autre de l'orifice. En effet, avec le ratio de chaleur spécifique $\gamma = 1,4$ pour l'azote, on a le critère pour avoir un flux limité :

$$\frac{P_2}{P_1} < \left(\frac{2}{\gamma+1}\right)^{\gamma/(\gamma-1)} \qquad \text{donc,} \qquad (B.2)$$
$$0,002 < 0,52 \qquad (B.3)$$

Le flux dans l'orifice dans les cas présenté est donc un flux limité, et sera calculé ici.

Quelques paramètres nécessaires au calcul :

Constante de Boltzmann	$k_B = 1,38 \cdot 10^{-23} \, \frac{m^2 \cdot kg}{s^2 \cdot K}$
Température	$T = 300$ K
Masse d'une molécule d'azote	$m = 4,65 \cdot 10^{-26}$ kg
Ratio de chaleur spécifique de l'azote	$\gamma = 1,4$
Pression de contrôle	$P_1 = 5$ torr
Pression en aval de l'orifice	$P_2 = 0,01$ torr

La surface A d'un orifice ayant un diamètre $D = 0,2$ mm :

$$A = \pi \cdot \left(\frac{D}{2}\right)^2 = 3,1 \cdot 10^{-8} \, m^2 \qquad (B.4)$$

La conductance de l'orifice :

$$C = \frac{A}{1 - P_2/P_1} \left(\frac{k_B T}{m} \frac{2\gamma}{\gamma + 1} \right)^{1/2} \left(\frac{2}{\gamma + 1} \right)^{1/(\gamma-1)} \tag{B.5}$$

$$= 6{,}4 \cdot 10^{-6} \text{ m}^3/\text{s} \tag{B.6}$$

Ainsi, le débit :

$$Q = C\Delta P \tag{B.7}$$

$$= 0{,}0043 \text{ Pa m}^3/s \tag{B.8}$$

$$\equiv 2{,}6 \text{ sccm} \tag{B.9}$$

Annexe C

Calcul de l'efficacité de croissance

L'efficacité de croissance Tri-Éthyl-Gallium (TEGa) a été évaluée avec le nouvel injecteur montré précédemment à la Figure 3.16. L'efficacité de croissance est la mesure de la quantité du matériau source s'incorporant dans la croissance par rapport à la quantité envoyée dans le réacteur de procédé. On la dénote par un pourcentage.

Afin de déterminer l'efficacité de croissance du TEGa, une croissance de GaAs a été faite sur un substrat de même nature. La gaufre de 100 mm de diamètre est déposée dans un porte-échantillon cachant une bande de 1,5 mm sur le bord de la gaufre, sur tout son diamètre. La bouteille de TEGa a été pesée avant et après la croissance pour déterminer la masse envoyée au réacteur. L'épaisseur de la couche crue sur le substrat de GaAs a été mesurée par profilométrie.

Les paramètres suivants sont nécessaires pour effectuer le calcul :

$$
\begin{array}{ll}
\text{Densité du GaAs} & \delta = 5{,}316 \text{ g/cm}^3 \\
\text{Masse molaire du TEGa} & M_{TEGa} = 159{,}91 \text{ g/mol} \\
\text{Masse molaire du Gallium} & M_{Ga} = 69{,}72 \text{ g/mol} \\
\text{Masse molaire de l'Arsenic} & M_{As} = 74{,}92 \text{ g/mol} \\
\text{Diamètre de la gaufre} & D = 10 \text{ cm} \\
\text{Diamètre de la surface libre} & D_l = 9{,}7 \text{ cm} \\
\text{Masse initiale bouteille TEGa} & m_{Bi} = 2705{,}2 \text{ g} \\
\text{Masse finale bouteille TEGa} & m_{Bf} = 2702{,}4 \text{ g} \\
\text{Épaisseur de GaAs crue} & d = 3{,}0 \cdot 10^{-4} \text{ cm}
\end{array}
$$

Pour obtenir l'efficacité de croissance, il faut comparer la masse de gallium incorporée à la couche épitaxiée à la masse de gallium évacuée de la bouteille.

Tout d'abord, il faut déterminer la masse de gallium incorporée à la couche épitaxiée. Le volume de GaAs cru V_{GaAs} est :

$$
V_{GaAs} = \left(\frac{D_l}{2} \right)^2 \pi d = 2{,}2 \cdot 10^{-2} \text{ cm}^3 \tag{C.1}
$$

Ainsi, la masse de GaAs m_{GaAs} cru est donnée par :

$$
m_{GaAs} = V_{GaAs}\delta = 0{,}12 \text{ g} \tag{C.2}
$$

Donc la masse de gallium incorporée dans la couche crue, m_{inc} :

$$
m_{inc} = \left(\frac{M_{Ga}}{M_{Ga} + M_{As}} \right) m_{GaAs} \tag{C.3}
$$

$$
m_{inc} = 5{,}7 \cdot 10^{-2} \text{ g} \tag{C.4}
$$

De l'autre côté, la quantité de gallium envoyée lors de la croissance épitaxiale doit être déterminée depuis la masse de la bouteille source avant et après la croissance comme suit. La masse de TEGa consommé m_{TEGa} :

$$m_{TEGa} = m_{Bf} - m_{Bi} = 2,8 \text{ g} \tag{C.5}$$

Ceci permet d'obtenir la masse de gallium injectée dans le réacteur épitaxial m_{inj} :

$$m_{inj} = \frac{M_{Ga}}{M_{TEGa}} m_{TEGa} \tag{C.6}$$

$$m_{inj} = 1,2 \text{ g} \tag{C.7}$$

Ainsi, l'efficacité de croissance pour le TEGa ϵ est tout simplement donnée par :

$$\epsilon = m_{inc}/m_{inj} \tag{C.8}$$

$$\epsilon = 0,048 \equiv 4,8\% \tag{C.9}$$

Ce calcul a pu être effectué avec la collaboration de Bernard Paquette, et a été révisé par Laurent Isnard, tous deux étudiants au LÉA.

Annexe D

Arsine - Fiche SIMDUT

MATERIAL SAFETY DATA SHEET

---

1. CHEMICAL PRODUCT AND COMPANY IDENTIFICATION

MATHESON TRI-GAS, INC.
959 ROUTE 46 EAST
PARSIPPANY, NEW JERSEY 07054-0624

EMERGENCY CONTACT:
CHEMTREC 1-800-424-9300
INFORMATION CONTACT:
973-257-1100

SUBSTANCE: ARSINE

TRADE NAMES/SYNONYMS:
MTG MSDS 7; HYDROGEN ARSENIDE; ARSENIC TRIHYDRIDE; ARSENIC HYDRIDE;
ARSENIURETTED HYDROGEN; ARSENOUS HYDRIDE; STCC 4920135; UN 2188; MAT02100;
RTECS CG6475000

CHEMICAL FAMILY: inorganic, gas

CREATION DATE: Jan 24 1989
REVISION DATE: Dec 15 2003

---

2. COMPOSITION, INFORMATION ON INGREDIENTS

COMPONENT: ARSINE
CAS NUMBER: 7784-42-1
PERCENTAGE: 100

---

3. HAZARDS IDENTIFICATION

NFPA RATINGS (SCALE 0-4): HEALTH=4 FIRE=4 REACTIVITY=0

EMERGENCY OVERVIEW:
COLOR: colorless
PHYSICAL FORM: gas
ODOR: garlic odor
MAJOR HEALTH HAZARDS: potentially fatal if inhaled, cancer hazard (in humans)
PHYSICAL HAZARDS: Flammable gas. May cause flash fire.

POTENTIAL HEALTH EFFECTS:
INHALATION:
SHORT TERM EXPOSURE: garlic odor, nausea, vomiting, stomach pain, chest pain, difficulty breathing,

headache, dizziness, disorientation, lung congestion, blood disorders, liver damage, nerve damage, effects on the brain, coma, death
LONG TERM EXPOSURE: same as effects reported in short term exposure
SKIN CONTACT:
SHORT TERM EXPOSURE: frostbite
LONG TERM EXPOSURE: no information is available
EYE CONTACT:
SHORT TERM EXPOSURE: frostbite
LONG TERM EXPOSURE: no information is available
INGESTION:
SHORT TERM EXPOSURE: no information on significant adverse effects
LONG TERM EXPOSURE: no information is available

---

4. FIRST AID MEASURES

INHALATION: If adverse effects occur, remove to uncontaminated area. Give artificial respiration if not breathing. If breathing is difficult, oxygen should be administered by qualified personnel. Get immediate medical attention.

SKIN CONTACT: If frostbite or freezing occur, immediately flush with plenty of lukewarm water (105-115 F; 41-46 C). DO NOT USE HOT WATER. If warm water is not available, gently wrap affected parts in blankets. Get immediate medical attention.

EYE CONTACT: Contact with liquid: Immediately flush eyes with plenty of water for at least 15 minutes. Then get immediate medical attention.

INGESTION: If a large amount is swallowed, get medical attention.

NOTE TO PHYSICIAN: For inhalation, consider oxygen.

---

5. FIRE FIGHTING MEASURES

FIRE AND EXPLOSION HAZARDS: Severe fire hazard. Moderate explosion hazard. The gas is heavier than air. Vapors or gases may ignite at distant ignition sources and flash back. Gas/air mixtures are explosive.

EXTINGUISHING MEDIA: Let burn unless leak can be stopped immediately. Large fires: Use regular foam or flood with fine water spray.

FIRE FIGHTING: Move container from fire area if it can be done without risk. Cool containers with water spray until well after the fire is out. Stay away from the ends of tanks. For fires in cargo or storage area: Cool containers with water from unmanned hose holder or monitor nozzles until well after fire is out. If this is impossible then take the following precautions: Keep unnecessary people away, isolate hazard area and deny entry. Let the fire burn. Withdraw immediately in case of rising sound from venting safety device or any discoloration of tanks due to fire. For tank, rail car or tank truck: Evacuation radius: 800 meters (1/2 mile).

Do not attempt to extinguish fire unless flow of material can be stopped first. Flood with fine water spray. Cool containers with water. Apply water from a protected location or from a safe distance. Avoid inhalation of material or combustion by-products. Stay upwind and keep out of low areas.

LOWER FLAMMABLE LIMIT: 4.5%
UPPER FLAMMABLE LIMIT: 100%

6. ACCIDENTAL RELEASE MEASURES

WATER RELEASE:
Subject to California Safe Drinking Water and Toxic Enforcement Act of 1986 (Proposition 65). Keep out of water supplies and sewers.

OCCUPATIONAL RELEASE:
Avoid heat, flames, sparks and other sources of ignition. Stop leak if possible without personal risk. Reduce vapors with water spray. Keep unnecessary people away, isolate hazard area and deny entry. Remove sources of ignition. Ventilate closed spaces before entering. Notify Local Emergency Planning Committee and State Emergency Response Commission for release greater than or equal to RQ (U.S. SARA Section 304). If release occurs in the U.S. and is reportable under CERCLA Section 103, notify the National Response Center at (800)424-8802 (USA) or (202)426-2675 (USA).

7. HANDLING AND STORAGE

STORAGE: Store and handle in accordance with all current regulations and standards. Keep separated from incompatible substances. Notify State Emergency Response Commission for storage or use at amounts greater than or equal to the TPQ (U.S. EPA SARA Section 302). SARA Section 303 requires facilities storing a material with a TPQ to participate in local emergency response planning (U.S. EPA 40 CFR 355.30).

8. EXPOSURE CONTROLS, PERSONAL PROTECTION

EXPOSURE LIMITS:
ARSINE:
0.05 ppm (0.2 mg/m3) OSHA TWA
0.05 ppm ACGIH TWA
0.002 mg/m3 NIOSH recommended ceiling 15 minute(s)

VENTILATION: Provide local exhaust or process enclosure ventilation system. Ensure compliance with applicable exposure limits.

EYE PROTECTION: For the gas: Eye protection not required, but recommended. For the liquid: Wear splash resistant safety goggles. Contact lenses should not be worn. Provide an emergency eye wash fountain and quick drench shower in the immediate work area.

CLOTHING: For the gas: Wear appropriate chemical resistant clothing. For the liquid: Wear appropriate protective, cold insulating clothing.

GLOVES: Wear insulated gloves.

RESPIRATOR: The following respirators and maximum use concentrations are drawn from NIOSH and/or OSHA.
At any detectable concentration -
Any self-contained breathing apparatus that has a full facepiece and is operated in a pressure-demand or other positive-pressure mode.
Any supplied-air respirator with full facepiece and operated in a pressure-demand or other positive-pressure mode in combination with a separate escape supply.
Escape -
Any air-purifying respirator with a full facepiece and a canister providing protection against this substance.
Any appropriate escape-type, self-contained breathing apparatus.
For Unknown Concentrations or Immediately Dangerous to Life or Health -
Any supplied-air respirator with full facepiece and operated in a pressure-demand or other positive-pressure mode in combination with a separate escape supply.
Any self-contained breathing apparatus with a full facepiece.

9. PHYSICAL AND CHEMICAL PROPERTIES

PHYSICAL STATE: gas
COLOR: colorless
ODOR: garlic odor
MOLECULAR WEIGHT: 77.95
MOLECULAR FORMULA: AS-H3
BOILING POINT: -81 F (-63 C)
FREEZING POINT: -179 F (-117 C)
VAPOR PRESSURE: 11362 mmHg @ 21.1 C
VAPOR DENSITY (air=1): 2.7
SPECIFIC GRAVITY (water=1): 1.689 @ -55 C
WATER SOLUBILITY: 20% @ 20 C
PH: Not applicable
VOLATILITY: Not applicable
ODOR THRESHOLD: 0.5 ppm
EVAPORATION RATE: Not applicable
COEFFICIENT OF WATER/OIL DISTRIBUTION: Not applicable
SOLVENT SOLUBILITY:
Soluble: benzene, chloroform

10. STABILITY AND REACTIVITY

REACTIVITY: Stable at normal temperatures and pressure.

CONDITIONS TO AVOID: Avoid heat, flames, sparks and other sources of ignition. Minimize contact with material. Avoid inhalation of material or combustion by-products. Keep out of water supplies and sewers.

INCOMPATIBILITIES: oxidizing materials, halogens, combustible materials

HAZARDOUS DECOMPOSITION:
Thermal decomposition products: arsenic compounds

POLYMERIZATION: Will not polymerize.

11. TOXICOLOGICAL INFORMATION

ARSINE:
TOXICITY DATA:
0.3 mg/m3/15 minute(s) inhalation-rat LC50
CARCINOGEN STATUS: IARC: Human Sufficient Evidence, Animal Limited Evidence, Group 1
ACUTE TOXICITY LEVEL:
Highly Toxic: inhalation
TARGET ORGANS: blood
REPRODUCTIVE EFFECTS DATA: Available.

12. ECOLOGICAL INFORMATION

Not available

13. DISPOSAL CONSIDERATIONS

Hazardous Waste Number(s): D004. Dispose of in accordance with U.S. EPA 40 CFR 262 for concentrations at or above the Regulatory level. Regulatory level- 5.0 mg/L. Dispose in accordance with all applicable regulations.

14. TRANSPORT INFORMATION

U.S. DOT 49 CFR 172.101:
PROPER SHIPPING NAME: Arsine
ID NUMBER: UN2188
HAZARD CLASS OR DIVISION: 2.3
LABELING REQUIREMENTS: 2.3; 2.1
QUANTITY LIMITATIONS:

PASSENGER AIRCRAFT OR RAILCAR: Forbidden
CARGO AIRCRAFT ONLY: Forbidden
ADDITIONAL SHIPPING DESCRIPTION: Toxic-Inhalation Hazard Zone A

CANADIAN TRANSPORTATION OF DANGEROUS GOODS:
SHIPPING NAME: Arsine
UN NUMBER: UN2188
CLASS: 2.3; 2.1

---

15. REGULATORY INFORMATION

U.S. REGULATIONS:
CERCLA SECTIONS 102a/103 HAZARDOUS SUBSTANCES (40 CFR 302.4): Not regulated.

SARA TITLE III SECTION 302 EXTREMELY HAZARDOUS SUBSTANCES (40 CFR 355.30):
ARSINE: 100 LBS TPQ

SARA TITLE III SECTION 304 EXTREMELY HAZARDOUS SUBSTANCES (40 CFR 355.40):
ARSINE: 100 LBS RQ

SARA TITLE III SARA SECTIONS 311/312 HAZARDOUS CATEGORIES (40 CFR 370.21):
ACUTE: Yes
CHRONIC: Yes
FIRE: Yes
REACTIVE: No
SUDDEN RELEASE: Yes

SARA TITLE III SECTION 313 (40 CFR 372.65):
ARSENIC AND INORGANIC COMPOUNDS (as As)

OSHA PROCESS SAFETY (29CFR1910.119):
ARSINE: 100 LBS TQ

STATE REGULATIONS:
California Proposition 65:
Known to the state of California to cause the following:
ARSENIC AND INORGANIC COMPOUNDS (as As)
Cancer (Feb 27, 1987)
Developmental toxicity (May 01, 1997)

CANADIAN REGULATIONS:
WHMIS CLASSIFICATION: ABD1

NATIONAL INVENTORY STATUS:
U.S. INVENTORY (TSCA): Listed on inventory.

TSCA 12(b) EXPORT NOTIFICATION: Not listed.

CANADA INVENTORY (DSL/NDSL): Not determined.

16. OTHER INFORMATION

Annexe E

Phosphine - Fiche SIMDUT

MATERIAL SAFETY DATA SHEET

1. CHEMICAL PRODUCT AND COMPANY IDENTIFICATION

MATHESON TRI-GAS, INC.
959 ROUTE 46 EAST
PARSIPPANY, NEW JERSEY 07054-0624

EMERGENCY CONTACT:
CHEMTREC 1-800-424-9300
INFORMATION CONTACT:
973-257-1100

SUBSTANCE: PHOSPHINE

TRADE NAMES/SYNONYMS:
MTG MSDS 74; HYDROGEN PHOSPHIDE; CELPHOS; DELICIA; DETIA; DETIA GAS EX-B; GAS-EX-B; PHOSPHORUS TRIHYDRIDE; RCRA P096; UN 2199; MAT18680; RTECS SY7525000

CHEMICAL FAMILY: hydrides

CREATION DATE: Jan 24 1989
REVISION DATE: Mar 19 2003

2. COMPOSITION, INFORMATION ON INGREDIENTS

COMPONENT: PHOSPHINE
CAS NUMBER: 7803-51-2
PERCENTAGE: 100.0

3. HAZARDS IDENTIFICATION

NFPA RATINGS (SCALE 0-4): HEALTH=4 FIRE=4 REACTIVITY=2

EMERGENCY OVERVIEW:
COLOR: colorless
PHYSICAL FORM: gas
ODOR: unpleasant odor, fruity odor, garlic odor
MAJOR HEALTH HAZARDS: potentially fatal if inhaled, respiratory tract irritation, central nervous system depression
PHYSICAL HAZARDS: Flammable gas. May cause flash fire. Extremely flammable. May ignite spontaneously on exposure to air.

POTENTIAL HEALTH EFFECTS:
INHALATION:

99

SHORT TERM EXPOSURE: irritation, garlic odor, tearing, nausea, vomiting, diarrhea, stomach pain, difficulty breathing, irregular heartbeat, headache, drowsiness, symptoms of drunkenness, fainting, tingling sensation, visual disturbances, dilated pupils, bluish skin color, lung congestion, kidney damage, liver damage, paralysis, convulsions, coma, death
LONG TERM EXPOSURE: digestive disorders
SKIN CONTACT:
SHORT TERM EXPOSURE: blisters, frostbite
LONG TERM EXPOSURE: no information is available
EYE CONTACT:
SHORT TERM EXPOSURE: frostbite, blurred vision
LONG TERM EXPOSURE: no information is available
INGESTION:
SHORT TERM EXPOSURE: frostbite
LONG TERM EXPOSURE: no information is available

4. FIRST AID MEASURES

INHALATION: If adverse effects occur, remove to uncontaminated area. Give artificial respiration if not breathing. Get immediate medical attention.

SKIN CONTACT: If frostbite or freezing occur, immediately flush with plenty of lukewarm water (105-115 F; 41-46 C). DO NOT USE HOT WATER. If warm water is not available, gently wrap affected parts in blankets. Get immediate medical attention.

EYE CONTACT: Contact with liquid: Immediately flush eyes with plenty of water for at least 15 minutes. Then get immediate medical attention.

INGESTION: If a large amount is swallowed, get medical attention.

5. FIRE FIGHTING MEASURES

FIRE AND EXPLOSION HAZARDS: Severe fire hazard. May ignite on exposure to air. Vapor/air mixtures are explosive. Containers may rupture or explode if exposed to heat.

EXTINGUISHING MEDIA: Let burn unless leak can be stopped immediately. Large fires: Use regular foam or flood with fine water spray.

FIRE FIGHTING: Move container from fire area if it can be done without risk. Cool containers with water spray until well after the fire is out. Stay away from the ends of tanks. For fires in cargo or storage area: Cool containers with water from unmanned hose holder or monitor nozzles until well after fire is out. If this is impossible then take the following precautions: Keep unnecessary people away, isolate hazard area and deny entry. Let the fire burn. Withdraw immediately in case of rising sound from venting safety device or any discoloration of tanks due to fire. For tank, rail car or tank truck: Evacuation radius: 800 meters (1/2 mile).

FLASH POINT: flammable

LOWER FLAMMABLE LIMIT: 1%
AUTOIGNITION: 212 F (100 C)

6. ACCIDENTAL RELEASE MEASURES

OCCUPATIONAL RELEASE:
Avoid heat, flames, sparks and other sources of ignition. Stop leak if possible without personal risk. Reduce vapors with water spray. Keep unnecessary people away, isolate hazard area and deny entry. Remove sources of ignition. Ventilate closed spaces before entering. Notify Local Emergency Planning Committee and State Emergency Response Commission for release greater than or equal to RQ (U.S. SARA Section 304). If release occurs in the U.S. and is reportable under CERCLA Section 103, notify the National Response Center at (800)424-8802 (USA) or (202)426-2675 (USA).

7. HANDLING AND STORAGE

STORAGE: Store and handle in accordance with all current regulations and standards. Subject to storage regulations: U.S. OSHA 29 CFR 1910.101. Keep separated from incompatible substances. Notify State Emergency Response Commission for storage or use at amounts greater than or equal to the TPQ (U.S. EPA SARA Section 302). SARA Section 303 requires facilities storing a material with a TPQ to participate in local emergency response planning (U.S. EPA 40 CFR 355.30).

8. EXPOSURE CONTROLS, PERSONAL PROTECTION

EXPOSURE LIMITS:
PHOSPHINE:
0.3 ppm (0.4 mg/m3) OSHA TWA
1 ppm (1 mg/m3) OSHA STEL (vacated by 58 FR 35338, June 30, 1993)
0.3 ppm ACGIH TWA
1 ppm ACGIH STEL
0.3 ppm (0.4 mg/m3) NIOSH recommended TWA 10 hour(s)
1 ppm (1 mg/m3) NIOSH recommended STEL

VENTILATION: Provide local exhaust or process enclosure ventilation system. Ventilation equipment should be explosion-resistant if explosive concentrations of material are present. Ensure compliance with applicable exposure limits.

EYE PROTECTION: For the gas: Eye protection not required, but recommended. For the liquid: Wear splash resistant safety goggles. Contact lenses should not be worn. Provide an emergency eye wash fountain and quick drench shower in the immediate work area.

CLOTHING: For the gas: Wear appropriate chemical resistant clothing. For the liquid: Wear appropriate protective, cold insulating clothing.

GLOVES: Wear insulated gloves.

RESPIRATOR: The following respirators and maximum use concentrations are drawn from NIOSH and/or OSHA.
3 ppm
Any supplied-air respirator.
7.5 ppm
Any supplied-air respirator operated in a continuous-flow mode.
15 ppm
Any air-purifying respirator with a full facepiece and a canister providing protection against this substance.
Any self-contained breathing apparatus with a full facepiece.
Any supplied-air respirator with a full facepiece.
50 ppm
Any supplied-air respirator operated in a pressure-demand or other positive-pressure mode.
Escape -
Any air-purifying respirator with a full facepiece and a canister providing protection against this substance.
Any appropriate escape-type, self-contained breathing apparatus.
For Unknown Concentrations or Immediately Dangerous to Life or Health -
Any supplied-air respirator with full facepiece and operated in a pressure-demand or other positive-pressure mode in combination with a separate escape supply.
Any self-contained breathing apparatus with a full facepiece.

9. PHYSICAL AND CHEMICAL PROPERTIES

PHYSICAL STATE: gas
COLOR: colorless
ODOR: unpleasant odor, fruity odor, garlic odor
MOLECULAR WEIGHT: 34.00
MOLECULAR FORMULA: P-H3
BOILING POINT: -126 F (-87.7 C)
FREEZING POINT: -208.3 F (-133.5 C)
DECOMPOSITION POINT: 1112 F (600 C)
VAPOR PRESSURE: 41.9 bar @ 20 C
VAPOR DENSITY (air=1): 1.17
DENSITY: Not available
WATER SOLUBILITY: 26% @ 17 C
PH: neutral in solution
VOLATILITY: Not applicable
ODOR THRESHOLD: 0.021 ppm
EVAPORATION RATE: Not applicable
COEFFICIENT OF WATER/OIL DISTRIBUTION: Not applicable
SOLVENT SOLUBILITY:
Soluble: alcohol, ether, cuprous chloride solutions, cyclohexanol

10. STABILITY AND REACTIVITY

REACTIVITY: May ignite on exposure to air.

CONDITIONS TO AVOID: Avoid heat, flames, sparks and other sources of ignition. Minimize contact with material. Avoid inhalation of material or combustion by-products. Keep out of water supplies and sewers.

INCOMPATIBILITIES: acids, halogens, oxidizing materials, halo carbons

HAZARDOUS DECOMPOSITION:
Thermal decomposition products: oxides of phosphorus

POLYMERIZATION: Will not polymerize.

11. TOXICOLOGICAL INFORMATION

PHOSPHINE:
TOXICITY DATA:
11 ppm/4 hour(s) inhalation-rat LC50
LOCAL EFFECTS:
Irritant: inhalation
ACUTE TOXICITY LEVEL:
Highly Toxic: inhalation
TARGET ORGANS: central nervous system
MUTAGENIC DATA: Available.

12. ECOLOGICAL INFORMATION

Not available

13. DISPOSAL CONSIDERATIONS

Dispose in accordance with all applicable regulations. Subject to disposal regulations: U.S. EPA 40 CFR 262. Hazardous Waste Number(s): P096.

14. TRANSPORT INFORMATION

U.S. DOT 49 CFR 172.101:
PROPER SHIPPING NAME: Phosphine

103

ID NUMBER: UN2199
HAZARD CLASS OR DIVISION: 2.3
LABELING REQUIREMENTS: 2.3; 2.1
QUANTITY LIMITATIONS:
PASSENGER AIRCRAFT OR RAILCAR: Forbidden
CARGO AIRCRAFT ONLY: Forbidden
ADDITIONAL SHIPPING DESCRIPTION: Toxic-Inhalation Hazard Zone A

CANADIAN TRANSPORTATION OF DANGEROUS GOODS:
SHIPPING NAME: Phosphine
UN NUMBER: UN2199
CLASS: 2.3; 2.1

15. REGULATORY INFORMATION

U.S. REGULATIONS:
CERCLA SECTIONS 102a/103 HAZARDOUS SUBSTANCES (40 CFR 302.4):
PHOSPHINE: 100 LBS RQ

SARA TITLE III SECTION 302 EXTREMELY HAZARDOUS SUBSTANCES (40 CFR 355.30):
PHOSPHINE: 500 LBS TPQ

SARA TITLE III SECTION 304 EXTREMELY HAZARDOUS SUBSTANCES (40 CFR 355.40):
PHOSPHINE: 100 LBS RQ

SARA TITLE III SARA SECTIONS 311/312 HAZARDOUS CATEGORIES (40 CFR 370.21):
ACUTE: Yes
CHRONIC: No
FIRE: Yes
REACTIVE: Yes
SUDDEN RELEASE: Yes

SARA TITLE III SECTION 313 (40 CFR 372.65):
PHOSPHINE

OSHA PROCESS SAFETY (29CFR1910.119):
PHOSPHINE: 100 LBS TQ

STATE REGULATIONS:
California Proposition 65: Not regulated.

CANADIAN REGULATIONS:
WHMIS CLASSIFICATION: ABD1

NATIONAL INVENTORY STATUS:
U.S. INVENTORY (TSCA): Listed on inventory.

TSCA 12(b) EXPORT NOTIFICATION: Not listed.

CANADA INVENTORY (DSL/NDSL): Not determined.

16. OTHER INFORMATION

Annexe F

Augmentation de la pression en croissance

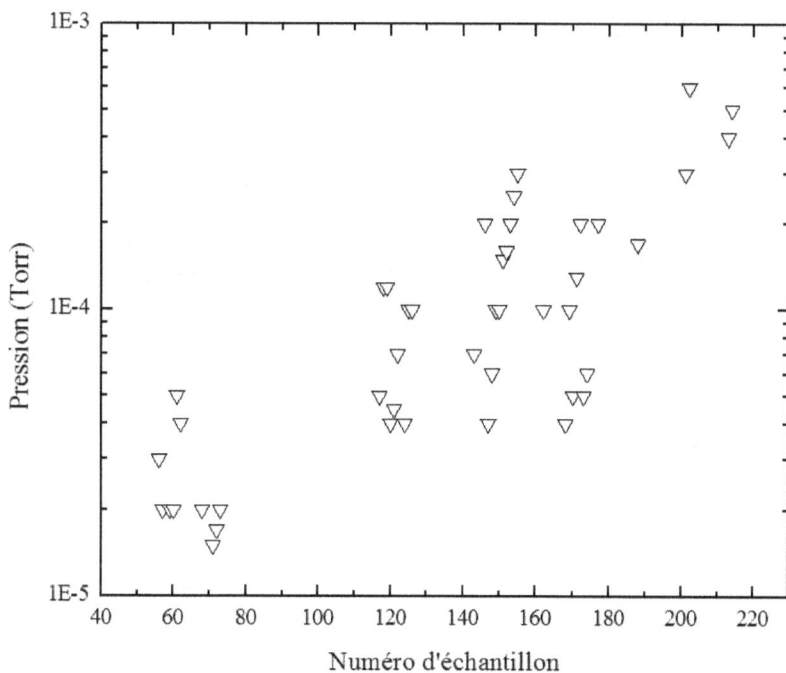

FIG. F.1 – *Pression en opération au réacteur en fonction du numéro de croissance sur une période d'environ 10 mois. Les échantillons sélectionnés sont tous des croissances de GaAs afin d'obtenir des observations comparables. (Note : les numéros de croissance sont attribués de façon chronologique)*

Bibliographie

[1] L. M. Fraas, "New Low Temperature III-V Multilayer Growth Technique: Vaccum Metalorganic Chemical Vapor Deposition," *Journal of Applied Physics*, vol. 52, no. 11, pp. 6939 – 6943, 1981.

[2] W. T. Tsang, "Chemical Beam Epitaxy of InP and GaAs," *Applied Physics Letters*, vol. 45, no. 11, pp. 1234–6, 1984.

[3] A. Cho and Y. Chen, "Epitaxial Growth and Optical Evaluation of Gallium Phosphide and Gallium Arsenide Thin Films on Calcium Fluoride Substrate," *Solid State Communications*, vol. 8, no. 6, pp. 377 – 9, 1970.

[4] G. B. Stringfellow, *Organometallic Vapor-Phase Epitaxy: Theory and Practice*. Academic Press, 2 ed., 1999.

[5] J. Foord, G. Davies, and W. Tsang, *Chemical Beam Epitaxy and Related Techniques*. John Wiley & Sons Ltd., 1997.

[6] J. Garcia, "Potential and prospects of CBE technology compared to MBE as production tool for microwave devices," *Journal of Crystal Growth*, vol. 188, no. 1-4, pp. 343 – 8, 1998.

[7] M. Yamaguchi, T. Warabisako, and H. Sugiura, "Chemical Beam Epitaxy as a Breakthrough Technology for Photovoltaic Solar Energy Applications," *Journal of Crystal Growth*, vol. 136, no. 1-4, pp. 29 – 36, 1994.

[8] E. Veuhoff, "Potential of MOMBE/CBE for the production of photonic devices in comparison with MOVPE," *Journal of Crystal Growth*, vol. 188, no. 1-4, pp. 231 – 246, 1998.

[9] C. Kittel, *Physique de l'état solide.* Dunod, 7 ed., 1998.

[10] E. Schubert, *Doping in III-V Semiconductors.* AT&T, 1993.

[11] M. Kamp, G. Morsch, J. Graber, and H. Luth, "Te doping of GaAs using diethyl-tellurium," *Journal of Applied Physics*, vol. 76, no. 3, pp. 1974–6, 1994.

[12] C. Thurmond, "The standard thermodynamic functions for the formation of electrons and holes in Ge, Si, GaAs, and GaP," *J. Electrochem. Soc. (USA)*, vol. 122, no. 8, pp. 1133 – 41, 1975.

[13] B. Gsib, "Modélisation numérique du comportement thermique d'un substrat de semiconducteur dans l'ultra vide," 2009.

[14] U. Pietsch, V. Holy, and T. Baumbach, *High-Resolution X-Ray Scattering: From Thin Films to Lateral Nanostructures.* Springer, 2 ed., 2004.

[15] L. Azároff, *Elements of x-ray crystallography*, pp. 208–9. McGraw-Hill Book Company, 1968.

[16] J. Van Nostrand, S. Chey, D. Cahill, A. Botchkarev, and H. Morkoc, "Surface Morphology of GaAs(001) Grown by Solid- and Gas-Source Molecular Beam Epitaxy," *Surf. Sci. (Netherlands)*, vol. 346, no. 1-3, pp. 136 – 44, 1996.

[17] Arès, R., "GMC760 - Caractérisation des semi-conducteurs." Université de Sherbrooke, 2006.

[18] C. Driscoll, A. Willoughby, J. Mullin, and B. Straughan, "Precision lattice parameter measurements on doped gallium arsenide," *Gallium Arsenide and Related Compounds, 1974*, pp. 275 – 91, 1975.

[19] J. Blakemore, "Semiconducting and other Major Properties of Gallium Arsenide," vol. 53, no. 10, pp. r123 – r181, 1982.

[20] H. Föll, "Semiconductors I class - Backbone." Faculté de Génie, Université de Kiel, 2007.

[21] I. García, I. Rey-Stolle, B. Galiana, and C. Algora, "Analysis of Tellurium as n-type Dopant in GaInP: Doping, Diffusion, Memory Ef-

fect and Surfactant Properties," *Journal of Crystal Growth*, vol. 298, pp. 794–799, 2007.

[22] G. Stringfellow, "The importance of lattice mismatch in the growth of GaxIn1-xP epitaxial crystals," *J. Appl. Phys. (USA)*, vol. 43, no. 8, pp. 3455 – 60, 1972.

[23] S. Yoon, K. Mah, and H. Zheng, "V/III ratio and silicon doping e?ects on the properties of In1-xGaxP/GaAs grown by solid source molecular beam epitaxy," *Optical Materials*, vol. 14, pp. 59–68, 2000.

[24] J. O'Hanlon, *A User's Guide to Vacuum Technology*. John Wiley & Sons Ltd., 1989.

[25] H. Schimmel, G. Nijkamp, G. Kearley, A. Rivera, K. De Jong, and F. Mulder, "Hydrogen adsorption in carbon nanostructures compared," *Materials Science and Engineering B: Solid-State Materials for Advanced Technology*, vol. 108, no. 1-2, pp. 124 – 129, 2004.

[26] R. Sharma, J. Fretwell, J. Vaihinger, and S. Banerjee, "Automation of a remote plasma-enhanced chemical vapor deposition system using LabVIEW," *SPIE*, vol. 3213, pp. 119 – 126, 1997.

[27] A. Visioli, *Practical PID Control*. Springer, 2006.

[28] J. Ziegler and N. Nichols, "Optimum settings for automatic controllers," *American Society of Mechanical Engineers – Transactions*, vol. 64, no. 8, pp. 759 – 765, 1942.

[29] P. Gorry, "," *Anal. Chem.*, vol. 63, pp. 534–539, 2007.

[30] H. Ando, S. Yamaura, and T. Fujii, "Recent progress in the multi-wafer CBE system," *J. Cryst. Growth (Netherlands)*, vol. 164, no. 1-4, pp. 1 – 15, 1996.

[31] A. Jackson, P. Pinsukanjana, A. Gossard, and L. Coldren, "In Situ Monitoring and Control for MBE Growth of Optoelectronic Devices," *IEEE Journal of Selected topics in quantum electronics*, vol. 3, no. 3, pp. 836–44, 1997.

[32] M. Levinshtein, S. Rumyantsev, and M. Shur, *Handbook Series on Semiconductor Parameters*, vol. 1, pp. 77–103. World Scientific, 1996.

[33] R. Longsworth and G. Bonney, "Cryopump regeneration studies," *J. Vac. Sci. Technol.*, vol. 21, no. 4, pp. 1022–7, 1982.

[34] P. Poole. Discussion privée entre Prof.Richard Arès et Dr.Philip Poole, chef d'équipe d'épitaxie au CNRC, Ottawa, 2010.

[35] Y. Asaoka, "Desorption Process of GaAs Surface Native Oxide Controlled by Direct Ga-beam Irradiation," *J. Cryst. Growth (Netherlands)*, vol. 251, no. 1-4, pp. 40 – 5, 2003.

[36] T. Ishikawa, N. Tanaka, M. Lopez, and I. Matsuyama, "Effects of GaAs-surface Roughness on the Electron-Beam Patterning Characteristics of a Surface-Oxide Layer," *Jpn. J. Appl. Phys. 2, Lett. (Japan)*, vol. 35, no. 5B, pp. 619 – 22, 1996.

[37] L. Beji, A. Rebey, and B. El Jani, "Incorporation modes of silicon in GaAs:Si grown by metalorganic vapor phase epitaxy," *European Physical Journal, Applied Physics*, vol. 4, no. 3, pp. 269–73, 1998.

[38] N. Furuhata, K. Kakimoto, M. Yoshida, and T. Kamejima, "Heavily Si-doped GaAs grown by metalorganic chemical vapor deposition," *Journal of Applied Physics*, vol. 64, no. 9, pp. 4692–5, 1988.

[39] J. Wiley, R. Willardson, and A. Beer, *Semiconductors and Semimetals*, vol. 10, p. 1. Academic Press, 1975.

[40] J. Wiley, R. Willardson, and A. Beer, *Semiconductors and Semimetals*, vol. 10, p. 91. Academic Press, 1975.

[41] Y. Fu, M. Willander, G. Chen, Y. Ji, and W. Lu, "Photoluminescence spectra of doped GaAs films," *Applied Physics A - Materials Science and Processing*, vol. 79, pp. 619 – 23, 2004.

[42] S. Lee, C. Fetzer, G. Stringfellow, C.-J. Choi, and T. Seong, "Step structure and ordering in Zn-doped GaInP," *Journal of Applied Physics*, vol. 86, no. 4, pp. 1982 – 1987, 1999.

[43] S. Bélanger, "Croissance épitaxiale de GaAs sur substrats de Ge par épitaxie par faisceaux chimiques," 2010.

[44] S. Adachi, *Properties of Aluminium Gallium Arsenide*. INSPEC, 1993.